深く考え、わかりやすく伝える力が身につく論理思考大全

經營管理顧問・芝浦工業大學
「工學管理研究學系」研究所教授
西村克己◎著

吳亭儀◎譯

圖解

邏輯思考全書

職場必備一生受用！
深度思考、清楚表達，
解決問題的思維與應用

Logical

前　言

「主管（或下屬）不照自己說的話去做。」

「沒有靈感，想不出有趣的點子。」

「工作堆積如山，不知道要從哪裡開始著手。」

「東想西想，什麼都考慮過了，卻總是找不到正確答案。」

拿起這本書的讀者，是不是也有類似的煩惱呢？

我們的工作（或生活），或多或少是靠著解決這些問題延續而成。

而且不管等再久，這些問題都不會消失。相反地，新問題會不斷產生，甚至讓人感到十分厭煩。

我是一個專門為顧客「解決問題」的顧問，之所以能夠以此為業長達三十年，可以證明所謂商場，就是要不斷地解決問題。

因為工作性質的關係，顧問經常需要接觸各式各樣不同世代、不同價值觀的人，無論是經營管理階層、現場的技術人員，或是參加講座的新人員工，都是我們接觸的對象。

當我與這麼多懷抱煩惱的工作者接觸時，我發現除了那些專業程度相當高的人之外，**無論什麼行業，大部分的工作者都有相同的煩惱。**他們還有一個共通點，那就是**沒有足夠的時間去面對。**

即使如此，**還是存在一些「擅長工作的人」**，他們的工作表現良好，似乎什麼問題和煩惱都與他們絕緣一般。

例如，他們可以突然迸出好點子，無論主管還是下屬都對他的發言另眼相看；他們也可以輕鬆完成比別人更大量的工作，並且能夠立即做出困難的決定，彷彿事先預知問題一樣。

這種「擅長工作的人」並沒有特別聰明，也並非剛好幸運地擁有能夠勝任工作的才能。

正確地說，**「擅長工作的人」所共同擁有的能力，同時也是本書要談的主題**，就是「邏輯思考」（Logical Thinking）（即使出身理工科系，也能從本書學到課堂上沒接觸過、其他領域的邏輯思維模式）。

各位所煩惱的問題並沒有絕對的答案。而且，面對這個看不見解答的問題，只靠知識或不斷地思考，都不足以解決問題。

你必須掌握潛藏在問題深處的「根本原因」，並且在有限的時間內，優先選擇能夠發揮最大功效的解決方案，然後將這個方案簡單扼要地傳達出去，驅動他人照著你的方案行動。

所謂的「邏輯思考」，就是為了解決這些複雜又無法回答的問題的一項工具。

進一步來說，只是「知道」什麼是邏輯思考並不足夠，能夠「充分運用」才是解決問題的關鍵。

因此，我從過去的拙作當中挑選出「可用」的內容，把邏輯思維相關的精華重新集結整理為一部「邏輯思考大全」。

第一章講述基本的**「思維模式」**，然後作為實踐篇，我會在後續的**第二章**及**第三章**當中，講解**「說話方式」**和**「寫作技巧」**。

除了介紹主要的邏輯思考方式，如：MECE原則、邏輯樹（Logic Tree）和金字塔結構（Pyramid Structure）等三個主要元素以外，為了讓讀者能夠即刻「運用」，本書也萃取出交涉時必須具備的心態、企劃書的寫作雛型等實用性強的內容。

作為一本「大全」型的書籍，本書毫無遺漏地蒐羅了所有與邏輯思考相關的精華內容。但是，**如果「沒有時間從頭開始閱讀整本書」，請優先參考我列在下一頁的幾項重要技巧**。即使只靠印象稍微掌握邏輯思考的架構，當你在腦中整理思考的時候，應該也能派上用場。

毫無疑問地，對於顧問等某些職業的工作者而言，邏輯思考並非工作必備的專業知識。

事實上，邏輯思考甚至不被廣泛認定為商業工作者的必備技能。即使如此，我仍察覺到有許多人因為對邏輯思考「一知半解」，而誤解了它的使用方式。舉例來說，有些人會把邏輯和強辯這兩個概念混淆在一起（關於兩者的差別，請各位務必參考本書內容）。

最後，我想要補充說明一點，那就是對於「擅長工作的人」

來說，他們總是享受著困難且複雜的狀況。為什麼他們樂於身陷困境？那是因為他們能夠明確整理出自己「想做的事情是什麼」。

當你遭遇各種困難狀況時，請試著一次又一次地翻開這本書。透過不斷實踐本書的內容，淬鍊出「可用」的部分。本書不只能在商場上運用，同時也能將自己的大腦確實整理一番，這麼一來，「想做的事情」也會更加明確地浮現出來。

如果本書能在工作上成為一道助力，還能豐富你的人生，成為「一生受用的技巧」，對我來說就是最榮幸的事了。

西村克己

邏輯樹 情報整理法 （透過MECE原則分階段整理情報的方法） →第一章：09	**金字塔結構** 說服的敘事結構 （思考、書寫、敘述） →第二章：35
框架 架構 （MECE原則的大分類架構） →第一章：08	**三角邏輯** 支撐金字塔結構的邏輯構造 （主張、理論依據、數據資料等） →第一章：02

MECE原則
不重覆不遺漏的狀態（培養整體感）
→第一章：07

第 1 章　思維模式

第 **2** 章 # 說話方式

思維模式

LOGICAL
THINKING

01

「邏輯」和「強辯」
的差別是什麼？

你的理由足以說服第三者嗎？

●邏輯狀況・非邏輯狀況

　　把「邏輯」和「強辯」混淆的人出乎意料地多。邏輯和強辯二者雖然都具備立足的論點，卻有決定性的不同。對於身為第三者的聽眾或讀者來說，所謂的邏輯，是一件**「立論客觀的事」**。

　　另一方面，強辯則是「自我滿足的主觀立論」。即使在說話者或書寫者的腦中，他們的敘述存在著因果關係，然而他們大多只是把對自己有利的部分串聯在一起而已。這類的敘述對於聽眾和讀者來說，只是一堆歪理，根本沒有什麼道理可言。例如，當說話者說出一些對自己有利的理由時，聽眾只會覺得說話者在「強辯」。

　　為了讓你的話具備邏輯性，保持客觀相當重要。所謂的客觀，指的是無法被任何人否定的事實。任何偏向一個人的言論，都會變成主觀的看法。當你希望能確實「說服」對方時，就必須合乎邏輯。說話者和書寫者如果只是說著滿口「不能信賴的理由」、「對自己有利的說法」，是絕對無法說服聽眾和讀者的。

理論依據不明確就不能稱之為邏輯

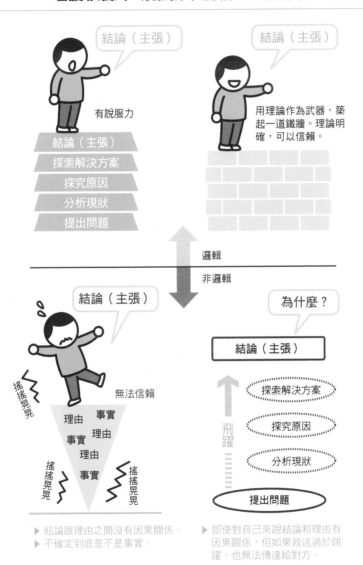

結論（主張）

有說服力

結論（主張）
探索解決方案
探究原因
分析現狀
提出問題

結論（主張）

用理論作為武器，築起一道鐵牆。理論明確，可以信賴。

邏輯

非邏輯

結論（主張）

搖搖晃晃

無法信賴

事實
理由
事實　理由
理由
事實
搖搖晃晃　　搖搖晃晃

為什麼？

結論（主張）

探索解決方案

探究原因

分析現狀

飛躍

提出問題

▶ 結論跟理由之間沒有因果關係。
▶ 不確定到底是不是事實。

▶ 即使對自己來說結論和理由有因果關係，但如果敘述過於跳躍，也無法傳達給對方。

●確立思考程序以導向結論（主張）

對聽眾和讀者來說，如果跳過理由只提結論和主張，是無法說服他們的。例如，即使老闆跟員工說「公司需要進行組織變革」，員工也不清楚為什麼組織改革有其必要性？為什麼老闆會得到「組織變革很重要」這個結論？如果不確實說明理由，就無法說服員工。

如果跳過能夠說服他人的理由，沒有循序漸進地說明，就無法將想說的話確實傳達出去。而且**跳過愈多，就愈無法有邏輯地讓對方了解你的意思**。

因為如果不能確實補足「為什麼這麼說」的理由，無法讓第三者了解你的意思，敘述就不具備邏輯性。

所謂的邏輯，也含有**「推導至結論（主張）的過程明確」**這個意思。從提出問題到結論（主張）之間，如果當中的過程（步驟）能夠讓第三人了解其中的因果關係，才能稱之為有邏輯的敘述。

邏輯和非邏輯的差別

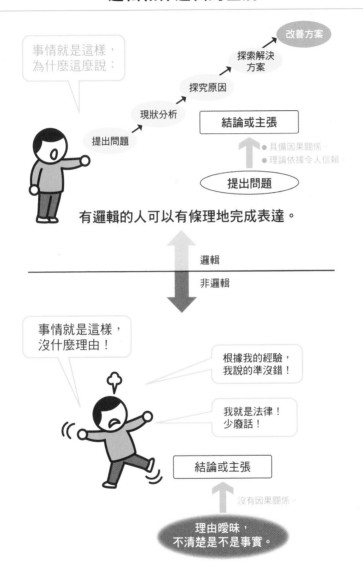

運用三角邏輯確立主張

邏輯思考的三大要素：「主張」、「理論依據」、「數據資料」

●三角邏輯是邏輯思考的三大要素

呈現邏輯的三大要素可以運用三角邏輯。所謂的三角邏輯，指的是**「主張」、「理論依據」和「數據資料」這三個要素之間，彼此沒有互相矛盾，並且具備一致性。**主張指的是「敘述當中的結論、提案，以及意見、推論」。理論依據指的是能夠讓你的主張具有說服力的**「原理原則、法則、一般趨勢或常識等理由」**。而數據資料則是支持主張的**「客觀統計數字等數據，或是事實、具體範例等」**。

人們在說明現狀時，很多時候會讓別人覺得很難懂，搞不清楚「到底要表達什麼？」，這種狀況通常是因為主張不明確所造成的。另外，如果你的主張明確，卻仍然無法說服他人，大多是因為你的理論根據和數據資料不太清楚，無法成為支持主張的說服材料。

支持主張的理論依據和數據資料如果不夠可靠，或是跟主張不契合，就無法說服第三人。

運用三角邏輯來連結主張、理論依據和數據資料

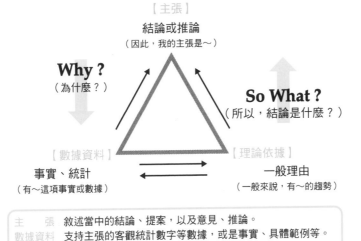

【主張】
結論或推論
（因此，我的主張是～）

Why？
（為什麼？）

So What？
（所以，結論是什麼？）

【數據資料】
事實、統計
（有～這項事實或數據）

【理論依據】
一般理由
（一般來說，有～的趨勢）

主　　張　敘述當中的結論、提案，以及意見、推論。
數據資料　支持主張的客觀統計數字等數據，或是事實、具體範例等。
理論依據　原理原則、法則、一般趨勢或常識等理由。
　　　　（注）如果數據資料和理論依據不足採信，那麼主張也不會被他人接受。

無法傳達給對方的敘事模式

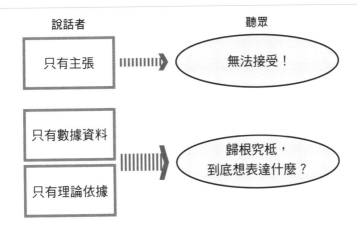

說話者

聽眾

只有主張

無法接受！

只有數據資料

只有理論依據

歸根究柢，
到底想表達什麼？

●沒有足夠的主張、數據資料和理論依據，事情就會變得難以傳達

處於三角邏輯頂點的主張，和處於兩邊底部的理論依據和數據資料，三者之間的關係是靠「為什麼？」（Why?）和「所以，結論是什麼？」（So What?）的關係得以串聯。從上到下，也就是**從主張這一端，連結到理論依據和數據資料的關鍵字是「Why?」**。而從下到上，也就是**從理論依據和數據資料這一端，連結到主張的關鍵字，則是「So What?」**。

如果主張沒有說服力，代表用來說服他人的理論依據和數據資料不充足。這時請記得要確實向對方說明「為什麼？」（Why?）。如果只是說明現況，讓人不明白「你到底要說什麼？」的時候，請有意識地向對方明確傳達你的主張。

為了理解三角邏輯如何運用，請思考以下例題：「以考上記帳士為目標」。這個例題的主張是「取得記帳士證照，就能開創自己的未來」。為了讓主張具備說服力，有必要讓對方知道取得記帳士證照對個人職涯來說是一件有魅力的事情。

因此，你必須向對方傳達這些事情作為理論依據：取得專業能力的必要性、自己創業的魅力以及高收入的潛力。數據資料的部分，則可以讓對方知道記帳士的平均年收入高於一般上班族，新創公司增加使得顧客增加等統計數據。這麼一來，就能讓對方了解到取得記帳士資格，為何是一件有魅力的事情。另外，還有一個FX（外匯交易）相關的例題，也請各位參考（右頁下圖）。

〔例題〕以考上記帳士為目標

Why?
（為什麼？）

【主張】 取得記帳士證照，
就能開創自己的未來

So What?
（所以，結論是什麼？）

【數據資料】

▶ 記帳士的平均年收入高於一般上班族。
▶ 新創公司增加，使得記帳士的顧客也增加了。

【理論根據】

▶ 專業掛帥時代，正是取得專業能力的時代。
▶ 只要有記帳士證照就能自己開業。
▶ 只要顧客增加，年收入也會節節高升。

〔例題〕靠FX（外匯交易）賺點小錢

Why?
（為什麼？）

【主張】 挑戰靠FX賺點小錢也蠻有趣的

So What?
（所以，結論是什麼？）

【數據資料】

▶ 近年來，個人可以透過網路輕鬆交易。
▶ 手續費便宜（1 美金低於0.01 日圓）。
▶ 停損容易（設定損失金額上限）。

【理論依據】

▶ 可以培養對世界經濟動向的敏感度。
▶ 每天都有變化，生活更刺激。
▶ 只要有幾萬塊就能開始。（但是有投資就有風險，請留意）

03

邏輯思考總是從思考「為什麼？」開始

活用成功和失敗的經驗

● 「為什麼？」是邏輯思考的關鍵字

為了培養邏輯思考的習慣，**在日常生活中，隨時在內心提問「為什麼？」（Why?）是練習的捷徑。**當你得到新情報時，就試著問一句「為什麼？」。

例如，A公司收購了競爭對手的公司，收購的原因是什麼？從該事件中，可以隱約推測出A公司的企業策略。另外，B公司為什麼突然急遽成長？提出簡單的疑問然後進行調查，就能找出B公司成長的原因。面對工作，可以自問「為什麼成功？」、「為什麼失敗？」，並藉此提高邏輯思考的能力。

一旦知道成功的要素，就能將它應用在往後的人生當中。另外，如果能分析出失敗的要素，將來就不會再犯同樣的錯誤。

總是重覆犯下同樣失敗而被提醒的人，或許能夠透過詢問「為什麼失敗？」而獲得改善。另外，一旦開始將一切歸因於運氣，就會使人停止邏輯思考。如果想持續邏輯思考，最好不要將事情歸因於運氣。

隨時在內心提問「為什麼？」（Why?）

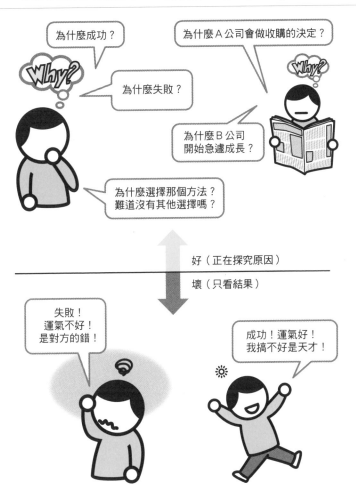

▶ 為什麼成功？為什麼失敗？沒有探究原因。
▶ 不管成功或失敗，都沒有任何學習效果。
▶ 不斷重覆同樣錯誤。

●詢問「為什麼？」有助於了解問題發生的原因

藉由詢問「為什麼？」，可以協助探究成功或失敗的原因。另外，如果要根本改善一個問題，詢問「為什麼？」也能派上用場。即使從表面上看來，問題似乎已經獲得改善了，但如果沒有解決根本原因，同樣的問題還是會不斷發生。為了能夠徹底根除問題，必須掌握問題發生的真正原因並徹底消除它。

一直穩定維持亮眼業績的豐田汽車，在公司內部的教育訓練中教導員工：「重複詢問自己為什麼五次，就能找到問題的真正原因。」透過「為什麼的問答」，重覆詢問自己「為什麼？」，不只有助於探究問題發生的原因，還能防止同樣問題再次發生。

思考「為什麼？」不只能發現真正原因，還能得到與根本解決方法相關的提示。如果不試著去問「為什麼？」，可能會錯過難得的提示。

例如，為什麼業務電話總是又多又長？針對這個問題，邏輯思考可以幫助我們找到相關對策的提示。

思考「為什麼？」可以幫助我們了解問題發生的原因

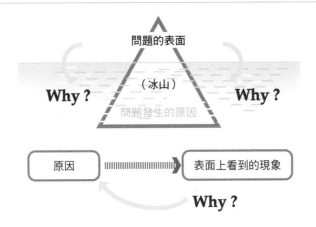

問題的表面

Why？　（冰山）　**Why？**

問題發生的原因

原因 ‖‖‖‖‖‖‖‖‖‖‖‖▶ 表面上看到的現象

Why？

思考「為什麼？」可以幫助我們探究問題的原因

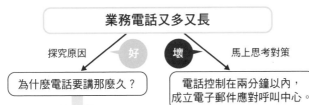

＜實例：長時間電話的對策＞

業務電話又多又長

探究原因　好　　壞　馬上思考對策

為什麼電話要講那麼久？　　電話控制在兩分鐘以內，成立電子郵件應對呼叫中心。

客訴電話很多。

為什麼客訴那麼多？什麼樣的客訴最多？　　客訴增加。呼叫中心成本增加。客訴導致營業額驟減。

想辦法消除客訴吧！　　沒有制定根本對策

藉此訂定根本對策（防止再次發生）

04

解決問題的基本步驟

> 拋棄先入為主的想法，擁有更開闊的視野

● 留意心浮氣躁和先入為主的想法

如果總是心浮氣躁，或是在「這就是唯一結論」這種先入為主的想法中陷得太深，將會對邏輯思考造成阻礙。**心浮氣躁和先入為主的想法會導致粗淺的思考，結論和主張可能傾向於強制推論而得。**

一旦想要「簡短的表達主張」，就可能跳過三角邏輯中的理論依據和數據資料，變得太過強調主張。另外，心浮氣躁會讓人失去冷靜，變得更容易陷入先入為主的想法當中，使得視野變得狹隘。在這種狀況下，因為「為什麼？」這項說服材料不充足，即使不斷重覆主張，也難以說服對方。

例如，兄弟吵架時，即使弟弟不斷羅列哥哥的缺點，試圖向雙親表達「哥哥很壞」，也不足以說明弟弟本身具有正當性。如果過度主張「哥哥很壞」，甚至正當化該主張，弟弟的眼中就只會看到不客觀的理由。

陷入先入為主的想法，或是處於心浮氣躁的狀態時，即使開

先入為主的想法和高漲的情緒會阻礙邏輯思考

用先入為主的想法發展論點也只會變成歪理。

一旦失去冷靜就很容易陷入先入為主的想法。

不客觀就沒有說服力

先入為主的想法讓人看不到周遭的一切。

始進行推論，也很容易成為歪理（自己覺得有邏輯但無法傳達給對方的狀態）。這個時候，何不喝一口茶，稍微休息一下呢？切換大腦狀態後再重新思考，是較為明智的做法。

●拓展視野，培養大局觀，綜觀全局後，有條理地思考看看

視野一旦變得狹隘就會失去客觀性，也容易走向歪理。例如「吹毛求疵」就是一個惹人厭的行為。**失去大局觀，只在一個框架裡思考，也只會成為歪理而已。**

有些人只要在有限的一小部分發現問題，就會全面否定他人。例如，我經常看到一些趾高氣昂的主管，只是找到下屬企劃書裡面的錯字，就好像發現了什麼天大的錯誤一般，洋洋得意地指責下屬「你的企劃書根本還不成氣候」。這種做法完全無法激勵下屬，是讓下屬愈來愈沒有幹勁的典型例子。

透過綜觀全局和有條理的思考，不管任何問題都會變得容易解決。面對問題，有一些基本步驟可以幫助釐清思緒（參照右頁）。決定主題之後，必須先確定自己「想要怎麼做」，並事先訂下對未來的期望。確定目標後再分析現狀，找出期望的狀態和現狀之間的差距，藉此使問題點更加明確。最後，下定決心規劃解決方案並確實實行。

問題的基本構造圖和解決問題的基本步驟

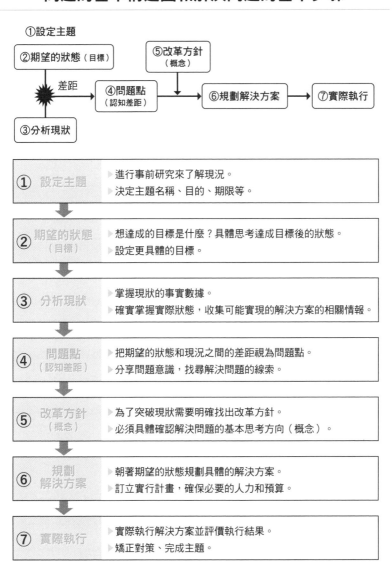

①設定主題

②期望的狀態（目標）

⑤改革方針（概念）

差距

④問題點（認知差距）

③分析現狀

⑥規劃解決方案

⑦實際執行

①	設定主題	▶進行事前研究來了解現況。 ▶決定主題名稱、目的、期限等。
②	期望的狀態（目標）	▶想達成的目標是什麼？具體思考達成目標後的狀態。 ▶設定更具體的目標。
③	分析現狀	▶掌握現狀的事實數據。 ▶確實掌握實際狀態，收集可能實現的解決方案的相關情報。
④	問題點（認知差距）	▶把期望的狀態和現況之間的差距視為問題點。 ▶分享問題意識，找尋解決問題的線索。
⑤	改革方針（概念）	▶為了突破現狀需要明確找出改革方針。 ▶必須具體確認解決問題的基本思考方向（概念）。
⑥	規劃解決方案	▶朝著期望的狀態規劃具體的解決方案。 ▶訂立實行計畫，確保必要的人力和預算。
⑦	實際執行	▶實際執行解決方案並評價執行結果。 ▶矯正對策、完成主題。

05

宏觀角度綜觀全局，
微觀角度安排細節

不要誤解整體和部分的關係

●先宏觀，再微觀

只看事物的一部分就下定論，會成為邏輯思考的阻礙。首先，為了不漏看事物的整體，必須先用宏觀的視野綜觀全局。**所謂的宏觀，指的是事情的整體和概要。**也是規劃整體企劃的意思。先從宏觀的角度思考，再從微觀的角度深入思考細節。**所謂的微觀，指的則是局部、詳細和個別。**

從宏觀切入微觀的思考方式，換言之，也就是「概要—詳細—具體化」、「企劃—設計—實際執行」的思考順序。另外，還可以將這個思考過程更細緻地切分為下列程序：「企劃—基本設計—詳細設計—調度與製造—導入與運用」。「從宏觀到微觀」不只能運用在邏輯思考，也能協助寫出容易理解的文章、表達得更好，甚至是製作出一份更清楚易懂的資料。

舉例來說，當你完成資料並開始說明時，先從宏觀的角度切入，優先說明全貌。這麼一來，也能同時讓對方意識到整體和局部之間的關係。說明全貌之後，再以微觀的角度針對個別的部分一一

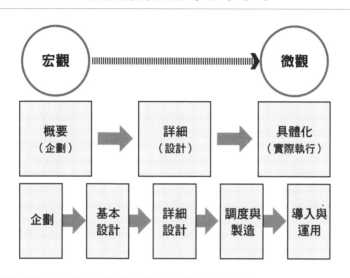

從宏觀到微觀的思考方式

宏觀 ━━━━━━━━━━━━━━▶ 微觀

| 概要
（企劃） | → | 詳細
（設計） | → | 具體化
（實際執行） |

| 企劃 | → | 基本
設計 | → | 詳細
設計 | → | 調度與
製造 | → | 導入與
運用 |

先說明整體，再說明個別

整體與局部的對應關係變得更清晰易懂（優先展示整體樣貌）。

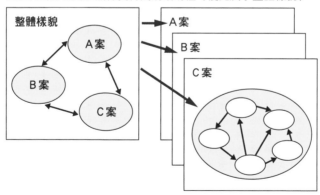

●只要對照整體和局部就能一目了然。
●加入符號會更清楚好懂。

詳細說明。同時說明多個方案的時候，把每個方案加上項目符號，如：A案、B案、C案，可以讓整體和局部的關係更容易理解。

●用鳥的眼光綜觀全局

從宏觀到微觀的思考方式，也可說是「不看森林，便看不見樹木或河川」。為了看見森林的整體樣貌，用鳥的視野從空中俯瞰最有效果。

有一個詞彙稱為「鳥瞰圖」，意思是**化身為鳥從空中往下看，就能掌握全局**。為了避免在森林當中迷失方向，事先掌握整體情報是不可或缺的，如：情況如何演變、森林當中哪裡有路徑等。

以企業經營為例，如果只專注在個別企業的經營，就無法取得最高效率的經營績效。愈來愈多公司透過規劃整體供應鏈（製品或服務從供應商到最終消費者手上的一連串過程），成功拓展了新的業務範圍。舉例來說，優衣庫（UNIQLO）和個人電腦製造商戴爾（Dell）等公司，就是管理整體供應鏈的商業模式的實例。

為了提醒各位不要忽略整體，請記住這兩句名言：「無論局部優化多麼出色，都無法勝過整體優化」，以及「部分優化的集合體不等於整體優化」。**許多日本企業都誤以為只要各部門都盡力做到最好，就能取得良好結果**。但如果把太多力氣花在製造上，就會做出不暢銷的商品；或是業務太努力推銷，就會經常發生缺貨的情形。整體的配合是不可或缺的，製造部門和銷售部門必須共同努力，盡力減少庫存並防止缺貨。

不先綜觀全局再進入局部細節，將會迷失方向

不看森林，便看不見樹木或河川

用鳥的眼光（鳥瞰圖）從空中俯瞰全局

無論「局部優化」多麼出色，都無法勝過「整體優化」

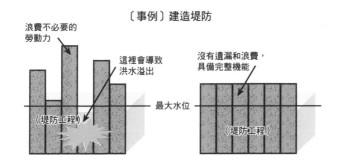

〔事例〕建造堤防

浪費不必要的
勞動力

這裡會導致
洪水溢出

沒有遺漏和浪費，
具備完整機能

最大水位

（堤防工程）

（堤防工程）

「局部優化」的集合

▶ 局部的集合並不等於整體優化。
▶ 水準最低的部分等於整體的性能。

以「整體優化」為目標

▶ 針對整體進行設計之後再著手執行。
▶ 不會發生遺漏或浪費。

要取得成果，必須顧及「整體程序」，也就是所謂的「整體優化」。

06

水平思考和垂直思考

●宏觀的水平思考，微觀的垂直思考

為了避免陷入歪理，具備從宏觀進入微觀的思考習慣非常重要。

在同樣的意義上，「先水平思考，再垂直思考」也是類似的思考模式。

所謂的水平思考，指的是「廣而淺地掌握整體狀況」；另一方面，垂直思考的意思，則是「深入分析特定的部分」。

首先，廣而淺地掌握整體狀況，找到重要部分之後，再深入分析，這個思考順序非常重要。

特別是日本人，垂直思考的習慣就像遺傳因子一樣烙印在DNA裡面。這或許肇因於自古以來，日本人過著農耕生活，在出生的村落奉獻一生，一直以來都沒有從宏觀角度進行水平思考的習慣，甚至會突然陷入「只有這條路」的框架當中。在大部分的狀況下，日本人習慣從垂直思考的角度開始。

另一方面，歐美人是狩獵民族，他們在蠻荒的廣闊大地上描

水平思考與垂直思考，讓我們從水平思考開始吧

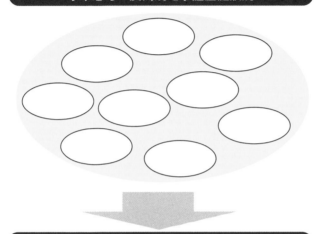

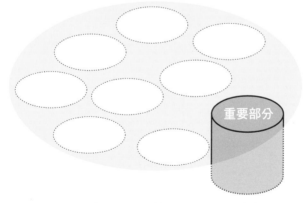

▶先進行水平思考，在廣大的可能性當中決定各項事物的優先順序。

▶確立判斷優先順序的基準。

▶深入剖析優先順序較高的重要部分。

繪出城市的設計圖。他們先俯瞰整體，再決定該在哪裡建造道路、在哪裡挖掘渠道，從零開始擬定都市計畫，因此他們經常從水平思考的角度開始。**只要停止從垂直思考開始的習慣，就能使邏輯思考能力獲得飛躍性的提升。**

●運用水平思考掌握大範圍，再透過垂直思考深入思考

垂直思考容易陷入鑽牛角尖的狀況，為了拓展這個框架，請先有意識地進行水平思考。然而，即使從水平思考開始再切入垂直思考，時間的流逝也會使人愈來愈鑽牛角尖，對周遭視而不見。因此，一旦進行了一定程度的垂直思考之後，請再次環顧四周並進行水平思考。

也可以把透過垂直思考實行至今的做法，先試著歸零看看。試著先放下腦中的偏見（或偏好），冷靜下來，帶著全新的心情三百六十度環顧四周，然後開始水平思考。這麼一來，或許能夠產生更好的靈感。

在許多製造商的研究室中，無法把研究主題商業化是一個常見問題。因為他們還沒有思考商品的用途，就先決定開發主題。在設定主題的階段時，需要透過水平思考，廣泛參考商品企劃部和行銷部等各部門的意見來拓展視野。

透過妥善運用水平思考和垂直思考來擴展視野，提高分析能力

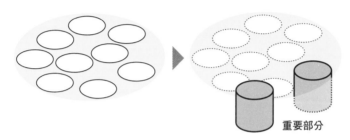

重要部分

▶透過水平思考讓整體和局部之間的關係變得更清楚。
▶在進行垂直思考時，偶爾透過水平思考來掌握周遭狀況。

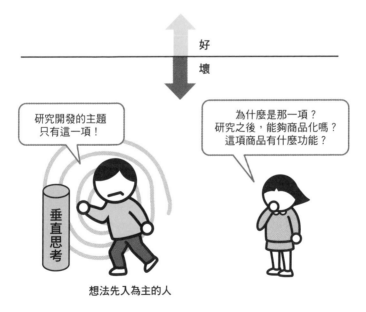

▶突然間從先入為主的想法開始垂直思考，導致偏離目標。
▶太多研究無法商品化，成為許多研究室面臨的問題。

07

運用MECE原則，
讓思考不重覆、不遺漏

避免無意義的重工與混亂

●MECE原則，即所謂不重覆、不遺漏的狀態

運用宏觀思考、水平思考掌握全貌時，還有一個必須注意的要點，那就是MECE原則（MECE=Mutually Exclusive Collectively Exhaustive），一種系統性掌握整體狀況的思考方式。所謂的MECE原則，即為「不重覆、不遺漏的狀態」。

開始嘗試新事物的時候，首先必須養成運用MECE原則來俯瞰整體的習慣。俯瞰了整體之後，思考其中的優先順序，之後再選擇你認為重要的部分來進行垂直思考。

為什麼運用MECE原則這麼重要？首先，當你有所遺漏，就容易錯失機會。例如，當政府決定放鬆某些管制時，就會產生新的市場。過去，日本的啤酒市場就曾經因為酒稅法的變更，在稅制上更加優待發泡酒和雜穀酒，而使市場上出現了新類型的啤酒。

另外一個原因，則是「只要重覆就會產生浪費和混亂」，這一點請務必銘記在心。舉例來說，如果一項工作不只一個人負責，就會造成浪費和混亂。如果會計部門和人事部門同時負責一項工

重覆和遺漏有害無益

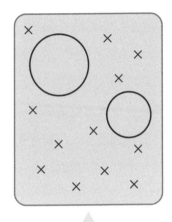

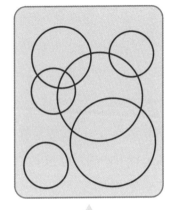

若沒有注意到遺漏的部分，
機會就會溜走。

一旦產生重覆的狀況，
就會導致浪費和混亂。

視野太狹隘
會使機會溜走。

若不事先盤點工作內容，
事情永遠也做不完。

找到10塊，Lucky！

眼裡只有10塊

完成了！

咦，那也要做嗎？
我以為都完成了。

剛剛
沒注意到。

唉，
只好重做了！

作，將會招致混亂。

●MECE原則的運用時機以及如何決定優先順序

MECE原則的運用時機，包含開始一項新的嘗試、希望顧全大局時，或是努力之後一直看不見成果、不知道何時能結束的時候。

MECE原則的思考關鍵在於詢問是否還有其他遺漏的可能，例如「除此以外」、「反過來看」、「正反兩面」、「積極要素和消極要素」等。如果太過在乎原來的想法（已經知道的部分），就會變成垂直思考，使視野變得更加狹隘。

透過MECE原則掌握整體狀況之後，接著必須決定優先順序，或是著手處理的順序。以日常業務為例，運用MECE原則來掌握所有應該處理的工作，再決定重要部分的優先順序，是相當有效率的工作方式。

在前面的章節裡，各位已經知道「先水平思考，再垂直思考」這個順序的重要性。而MECE原則，則是當你在進行水平思考（廣而淺地探索周遭並拓展視野）時不可或缺的技巧。當你透過水平思考綜觀全局，在進入垂直思考之前，必須先決定重要事情的優先順序。

如果還是無法了解MECE原則的意思，也可以把它想像成是一種「一開始就列出所有可能性」的方法。在沒有運用MECE原則思考的狀況下決定優先順序，可能會認為只有一個方法而倉促決策，然而事實上明明還有更好的方法……。這樣的做法只會使你徒增後悔。

運用MECE原則掌握整體

MECE原則（MECE：Mutually Exclusive Collectively Exhaustive）
不重覆、不遺漏的狀態

意即「一開始就列出所有可能性」。

MECE原則的圖像參考

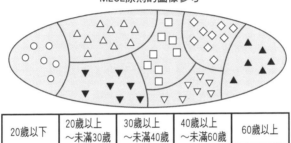

20歲以下	20歲以上 ～未滿30歲	30歲以上 ～未滿40歲	40歲以上 ～未滿60歲	60歲以上

MECE原則的運用時機

- 開始一項新嘗試時
- 即使努力也看不見成果、不知道何時能結束時
- 希望顧全大局時
- 想以最少努力獲得成果時

MECE原則的思考關鍵是「除此之外」、「反過來看」

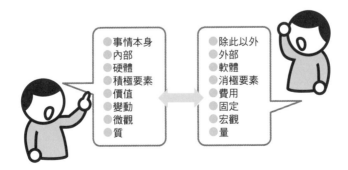

- 事情本身
- 內部
- 硬體
- 積極要素
- 價值
- 變動
- 微觀
- 質

- 除此以外
- 外部
- 軟體
- 消極要素
- 費用
- 固定
- 宏觀
- 量

08

透過框架整理情報

務必事先掌握的基本框架

● 框架：透過MECE原則掌握的構成要素

框架的用途，在於確立「整體架構」。意即「將整體的構成要素，透過MECE原則大分類之後的結果」。因為一旦出現遺漏或重覆，就容易招致混亂，所以框架是完成MECE原則思考分析的重要關鍵。另外，框架會由三～七個大分類組成。

首先，在確認目標之後的第一件事情，推薦各位先針對框架進行考量。

運用框架進行大分類，可以幫助你看見整體樣貌。另外，透過分析和整理框架內的個別構成要素，也可以幫助你更流暢地整理手上所有情報。麥肯錫顧問公司提出了稱為7S模型的經營管理架構。7S模型，包含了三個硬體要素和四個軟體要素。

硬體要素的3S，指的是「組織」（Structure：組織應有的型態）、「策略」（Strategy：維持並確保事業優勢的強項）和「系統」（System：傳達情報的構造）。

軟體要素的4S，指的則是「員工」（Staff：人材管理）、「技

框架的具體範例：麥肯錫7S模型

組織
（Structure）

硬體要素的3S

策略
（Strategy）

系統
（System）

員工
（Staff）

技能
（Skill）

軟體要素的4S

管理風格
（Style）

共同的價值觀
（Shared Value）

硬體要素的3S

▶ 組織（Structure）：組織應有的型態。
▶ 策略（Strategy）：維持並確保事業優勢的強項。
▶ 系統（System）：資訊傳達的構造。

軟體要素的4S

▶ 員工（Staff）：人材管理。
▶ 技能（Skill）：員工或企業本身所擁有的能力和技術。
▶ 管理風格（Style）：公司內部的風氣、企業文化。
▶ 共同的價值觀（Shared Value）：員工共同擁有的願景和企業理

能」（Skill：員工或企業本身所擁有的能力和技術）、「管理風格」（Style：公司內部的風氣、企業文化）和「共同的價值觀」（Shared Value：員工共同擁有的願景和企業理念）。透過7S模型來進行經營管理分析，也能協助掌握MECE原則的運用方法。

●各式各樣的框架

在行銷領域，存在著通稱為4P的行銷策略架構。**行銷4P，指的是產品（Product）、價格（Price）、通路（Place）和促銷（Promotion）。**所謂的行銷，也被認為是「創造銷售的運作結構」。為了創造銷售的運作結構，必須妥善構築行銷4P這個決策模組。當你感嘆「明明是這麼好的產品，為什麼不暢銷？」的時候，經常可能是因為販賣通路或行銷方式沒有產生應該有的效果。

透過框架來掌握整體狀況，能夠事先針對決定性的遺漏和重覆，防範於未然。另外，運用既有的框架也能更簡單地掌握MECE原則的運用方法。其他還有許多各式各樣的框架，例如麥當勞的現場管理架構「QSC」（Quality・Service・Cleanliness）等。

各位也可以配合自己的目的，定義自己的框架。例如吉野家就以「好吃・快速・便宜」和「好吃・便宜・請慢用」，來向顧客強調品牌的企業特色。

框架的具體範例：行銷4P

行銷的策略架構：4P

行銷組合

產品 Product	價格 Price	通路 Place	促銷 Promotion

目標客群

日常生活中的框架實例

四季

春 · 夏 · 秋 · 冬

工作的品質

QCD
（品質 · 成本 · 交貨期限）

西裝的三個季節

夏裝 · 冬裝 · 春秋裝 (注1)

麥當勞的現場管理

QSC
（品質 · 服務 · 清潔）

運動精神（姿三四郎）(注2)

心 · 技 · 體

享受旅行的方法

RuRuBu (注3)
（看 · 吃 · 玩）

注1：指的是夏天和冬天以外穿的西裝，使用材質比夏天厚、比冬天薄，任何季節都能穿。
注2：富田常雄長篇小說《姿三四郎》裡的主要角色，曾被多次改編為電影、電視劇。
注3：るるぶ（RuRuBu）是著名的日本旅遊雜誌，名稱結合「見る」（看）、「食べる」
（吃）和「遊ぶ」（玩）三個字而來。

09

邏輯樹優於條列式

●邏輯樹從條列式進化而來

條列式是整理情報時一項相當便利的工具。條列式的優勢是可以簡潔地將情報當中的重點整理出來。另外，條列式也能幫助我們簡單歸納論點，以及分類項目。然而，條列式仍有不足之處。因為我們很難從條列式當中看出究竟有沒有遺漏和重覆，因此，也很難藉由條列式來判斷目前的思考方向是否符合MECE原則。另外，在處理大量項目時，僅靠條列式難以掌握全局，同時也有看不出項目之間相互關係的缺點。

邏輯樹是運用邏輯來連接樹幹和枝葉的方法，是一種比條列式更好用的情報整理工具。條列式難以整理的大量情報，透過邏輯樹可以很方便地針對這些情報，考量是否有整合的可能。

建立邏輯樹時，請將想解決的主要課題置於左側，然後在右側，分階層、階段性地詳細放上要用來解決主要課題的其他課題。要分幾個階層都沒關係，但是初步先**以三個階層為基準**來建立邏輯樹。

條列式的優、缺點

運用條列式整理情報（範例：公司的問題）
　①公司的虧損問題主要源自於生產成本高昂。
　②員工的平均年齡上升，人事成本比其他公司更高。
　③經常發生品質不良的問題，導致近年來客訴增多。

條列式的優點

條列式的缺點
（透過邏輯樹來解決）

- ●能夠將情報簡單整理出來。
- ●能夠歸納論點。
- ●方便分類項目。

- ●不知道有沒有遺漏。
- ●不知道有沒有重覆。
- ●看不到整體樣貌。
- ●不清楚項目之間的相互關係。
- ●項目數量一多就很難理解內容。

邏輯樹是比條列式更好用的情報整理工具

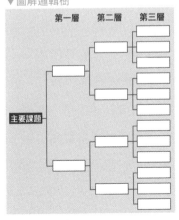

▼圖解邏輯樹

第一層　第二層　第三層

主要課題

▼EXCEL邏輯樹

主要課題

第一層	第二層	第三層

●使用EXCEL來完整運用邏輯樹

建立邏輯樹時，必須在意識到MECE原則的情況下，鉅細靡遺地進行分層。例如，公司的主要課題是提升業績，為了達到提升業績的目的，可以將必要的課題分為兩個不同的階段。這兩個階段，分別是提升現有顧客的銷售業績，以及提升新顧客的銷售業績。針對現有顧客，可以提出爭取顧客回流、提高購買量、降低折扣、提高單價、商品高級化等對策。

邏輯樹是一種方法，透過MECE原則分層整理情報，來達成主要課題的目的。它的優勢是能夠幫助你綜觀全局，並清楚看出情報之間的大小與因果關係。

但是，**要追求完美符合MECE原則，不管花多少時間都不可能達成**。因此，請留意重點不是MECE原則的完成度，而是意識到MECE原則，在可以辦到的範圍內盡量減少遺漏和重覆，才是運用邏輯樹時最重要的原則。

另外，使用EXCEL試算表這類型的軟體工具來建立邏輯樹，可以更簡單地針對項目進行追加、修正和刪除的動作。

我認為能夠將腦中的情報以邏輯樹進行整理的人，是邏輯思考的達人。舉例來說，一個問題到底是大問題還是小問題，能夠意識到問題之間大小關係的人，也是能將目的（層級高）和手段（層級低）分層處理的人。希望各位也能從日常生活開始，練習在腦中運用邏輯樹整理各種情報。

運用邏輯樹整理情報

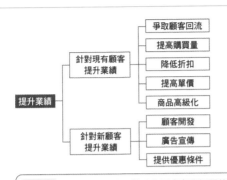

主要課題：提升業績

第一層	第二層
針對現有顧客提升業績	爭取顧客回流
	提高購買量
	降低折扣
	提高單價
	商品高級化
針對新顧客提升業績	顧客開發
	廣告宣傳
	提供優惠條件

運用時機	●想要有系統地整理公司或事業相關的課題時。 ●想要整理出情報之間的大小關係或因果關係時。 ●整理大量情報時透過分辨項目之間的大小關係將情報階層化。 ●想要有效運用試算表軟體的優勢時。

MECE原則、框架、邏輯樹之間的關係

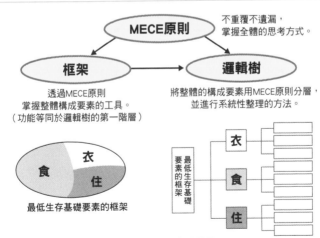

▶MECE原則：指出掌握整體時必須留意的重點。
▶框架：透過MECE原則，羅列整體的構成要素。
▶邏輯樹：一樣必須透過MECE原則來建立（第一階層等同於框架）。

10

運用「零基思考」克服阻礙

放棄先入為主的概念，抓住突破現狀的線索

●堆疊式思考和零基思考

或許是因為至今為止的惰性，或總是在現狀的延長線上思考的關係，我們養成了堆疊式思考的習慣。因為做出一如既往的選擇一定不會出大錯，總是能帶給我們安全感。

但是如果一直用堆疊式的思考，不斷重覆和去年比較，不管經過多少年，都很難突破現在的狀況。每過一段時間，我們都有必要修正正在前進的軌道。如果不要只是沿著一直以來的延長線，而是在延長線以外的範圍追求可能性，就有可能找到突破現狀的線索。

零基（zero base）思考就是協助我們擺脫堆疊式思考的一種方法。**零基思考指的是一種拋棄既有概念，拓展思考框架以追求可能性的思考方式**。在狹窄的範圍裡面思考，是無法達成重大改革的。把視線轉向未知的領域，一起思考究竟怎麼做比較好，怎麼做才能達成我們的目標。

例如，因國內市場的過度競爭，使得需求難以成長，今後必

現狀歸零再思考的零基思考

零基思考

堆疊式思考

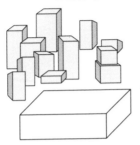

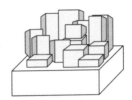

●把需要的東西和不需要的東西區分開來,從零開始重新組裝。

●在現狀的延長線上,思考如何繼續往上堆疊。

不被現狀綁架的零基思考

拓展思考框架來追求可能性。(不受限於過去的框架,拓展你的視野)

被既定概念、常識束縛的狀態。(在各式各樣的嘗試與失敗中努力,仍然找不到突破的方法)

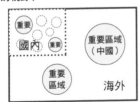

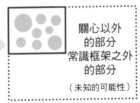

新型態藥局的常識=增進健康的產業

藥局的常識=治療疾病

須在某種程度上加強對國內市場的重視，然而即使持續投入更多的經營資源，也不能指望這樣的作為在擴大市場規模上能有突破性的進展。這個時候，透過零基思考可以詢問以下問題：「歸根究柢，公司的市場到底在哪裡？沒有必要被困在國內這個範圍不是嗎？」然後在零基礎的狀態下探索全球市場，徹底調查有潛力的市場，也不失為一個不錯的方向。

●透過零基思考突破現狀

連鎖藥妝店「松本清」以首都圈為中心大規模拓展店鋪，是「從零思考」這個概念的一個實例。過去在我們的常識當中，藥局是「治療疾病」的存在。然而如果藥局只能治療疾病，將會導致目標客群只能鎖定在銀髮族身上。

因此，松本清將我們對藥局的常識想像，重新定義為「增進健康的產業」。如果以增進健康的角度來看，女性的美容、時尚、促進心靈健康以及清潔等相關用品，也能夠達到增進健康的目的。因此松本清透過開始販賣化妝品和芳療商品，成功把年輕女性也納入了目標客群的版圖。另外，化妝品因為體積小、單價高的關係，在賣場空間有限的狀況下，也能達到提升業績的效果。

當你因為不管怎麼努力都沒有成果，而陷入絕望的時候，建議各位嘗試零基思考來看看是否能有所突破。

拋棄過往制約，從零開始思考的零基思考

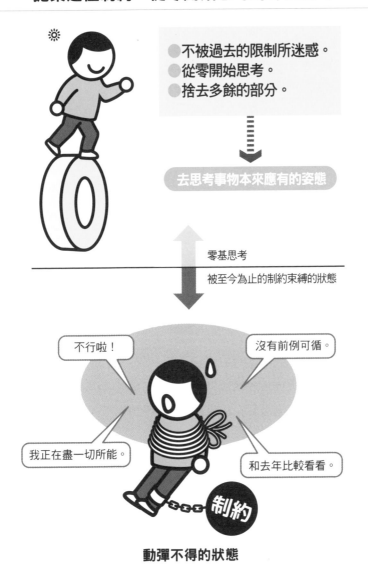

●不被過去的限制所迷惑。
●從零開始思考。
●捨去多餘的部分。

去思考事物本來應有的姿態

零基思考

被至今為止的制約束縛的狀態

不行啦！

沒有前例可循。

我正在盡一切所能。

和去年比較看看。

制約

動彈不得的狀態

11

腦力激盪法和分組

發散與收斂，提升思考力

●思考的基本是發散與收斂

為了提升思考力，我要向各位介紹一個訣竅，那就是確實運用「發散與收斂」這項技巧。不得不想出好點子、不得不在有限時間內總結情報，這份責任感和緊張的心情，是讓我們停止思考的原因。為了孕育出更好的解決方案，透過自由發想來提出想法，並擴大可能性的過程是不可或缺的。

思考的基本程序是「確立主題—發散—收斂—總結主題」。確立主題，指的是確認目的以及範圍。進入到發散階段時，則必須蒐集情報、蒐集想法並從中挑選出候補的解決方案，下一節說明的腦力激盪法（自由發想），就是進入發散階段時可以運用的代表性技巧（參照五十八頁第十二節）。

收斂時，則是將蒐集而來的材料進行加工，總結發散之後的情報。在這裡比較有效的技巧是評價重要性（挑選重要的部分）和分組（分類）這兩個方法。配合原來的主題，可以透過評價重要性和分組來實現你的主題目標。

①發散─收斂　思考的基本是「發散與收斂」

零基思考
腦力激盪法
水平思考
MECE原則

整理情報
優先順序

確立主題　→　總結主題

發散
（不產生死角）

收斂
（優先順序）

不要
突然收斂

思考替代方案

評價

蒐集情報
蒐集想法
挑選候補的
解決方案

評價重要性、
分組（分類）

先發散，
是程序中的
關鍵。

整理問題點的實際範例

零基思考
腦力激盪法
水平思考
MECE原則

整理情報
優先順序

職場問題明確化　→　確立問題

發散
（不產生死角）

收斂
（優先順序）

不要
突然收斂

思考替代方案

評價

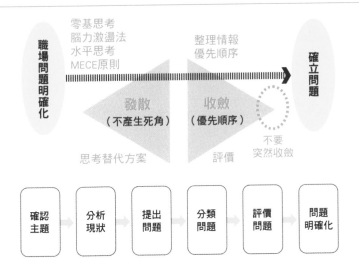

確認
主題

分析
現狀

提出
問題

分類
問題

評價
問題

問題
明確化

●運用發散與收斂來整理問題與發想

舉例來說，我們可以運用發散與收斂的技巧來思考「明確找出職場中的問題點」這個主題。

為了找出問題點，首先分析現狀並蒐集情報。聚集相關人士，閱讀現狀分析的資料並針對問題一起腦力激盪。

接下來，收斂腦力激盪時蒐集的所有問題，將所有問題分組，並評價問題的重要性。分組時，收集類似內容的項目，並為這些項目取名來代表它們。在評價重要性時，高度重要性的問題給予五星評價，低重要性的則給予一星評價，五階段評價是相當方便的方法。收斂問題點之後，就能針對職場問題這個主題進行總結。

接下來，一起透過能夠激發靈感的主題來進行思考。你想要得到什麼樣的靈感？請先確立你的主題。

在發散階段，蒐集情報並提出發想；在收斂階段，則必須針對所有發想進行分組，並評價重要性。在收斂所有發想的同時，從中找出更好的想法並採用。

要提案新事業時也一樣，可以參考右頁下方的思考順序圖解。

①發散─收斂　思考的基本是「發散與收斂」

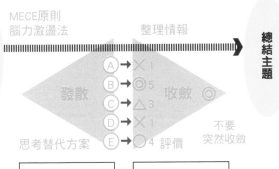

■提出發想

確認
主題 → 蒐集
情報 → 蒐集
想法 → 分類
發想 → 評價
發想 → 確立
發想

■新事業提案範例

確認
主題 → 蒐集
情報 → 提出
候補的
新事業
方向 → 分類
候補的
選項 → 評價
候補
選項 → 新事業
提案

12

腦力激盪法的五個原則

善用潛在的靈感

● 腦力激盪法的原則

發散是找出更好想法的關鍵，活用腦力激盪法來發散所有的想法吧。**腦力激盪的祕訣是自由發想**，如果總是認為把想法說出口會遭到責罵，或是羞於說出想法，即使有再好的點子也會忘光。開始自由發想時，必須喚醒那些潛藏在腦中，正在沉睡的靈感。

腦力激盪法的原則，分為以下五個重點：**①拋棄既定概念和常識的零基思考；②不管是什麼盡量挖掘出來，愈多愈好；③三不原則（不批判、不議論、不多嘴解釋）；④把他人的點子當成自己發想的靈感；⑤把自己的發想條列式記錄下來。**

腦力激盪法就像為料理蒐集食材，沒有食材就不可能完成料理。為了找到優秀的解決方案，必須透過腦力激盪法發散並蒐集發想。腦力激盪法的運用時機，除了靈感發想以外，也相當適合運用在要找出問題、對策或課題的時候。建議一起腦力激盪的人數少一點，幾個人左右就好，這樣可以確保彼此達到最順暢的溝通。

透過腦力激盪法來發散並蒐集想法

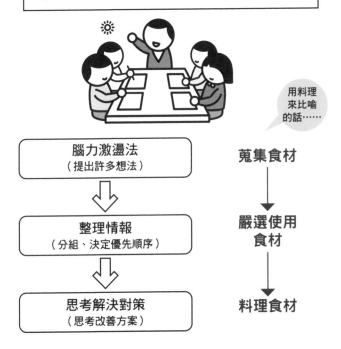

腦力激盪的原則

訣竅是
自由發想

①拋棄既定概念和常識（零基思考）。
②不管是什麼盡量挖掘出來，愈多愈好。
③三不原則（不批判、不議論、不多嘴解釋）。
④把他人的點子當成自己發想的靈感。
⑤把自己的發想條列式記錄下來。

用料理
來比喻
的話……

腦力激盪法
（提出許多想法）　　　　　蒐集食材

整理情報
（分組、決定優先順序）　　嚴選使用
　　　　　　　　　　　　　食材

思考解決對策
（思考改善方案）　　　　　料理食材

●運用腦力激盪法來蒐集食材（腦力激盪為發散）。
●食材愈豐富，愈容易做出好料理（整理情報為收斂）。

●重覆兩次「發散—收斂」的過程，就能解決問題

只要重覆兩次發散到收斂的過程，就能大幅解決問題。在第一次的發散—收斂當中，必須明確找到問題。首先透過腦力激盪來發散想法，蒐集所有可能的問題點，然後透過分組和評價重要性來收斂問題，縮小範圍並找出真正想要解決的問題。

在第二次的發散—收斂過程中，必須總結並找出解決問題的改善方案。為了發想改善的相關對策，藉由腦力激盪來發散想法。在第一次的發散—收斂程序中，和相關人士共享問題點，可以幫助你更容易地提出改善方案。蒐集許多想法之後，透過分組和評價重要性來收斂所有想法。此時，一邊考慮投資報酬率，一邊決定改善方案。

腦力激盪的訣竅，就是改變視角來思考。例如，我們可以試著想想，一個空罐有哪些使用方式？它可以拿來當作容器使用嗎？或是當成廚房工具使用？還是說，可以利用空罐的形狀來做些什麼？只要改變視角，就能使視野變得更加開闊，也能加快腦力激盪時發想的速度。

腦力激盪法的使用時機

● 大家一起找靈感的時候。
● 大家一起找問題點的時候。
● 大家一起思考對策或是課題的時候。
● 只要大家聚在一起拋出各自意見，就能豐富發想。

重覆兩次「發散—收斂」的過程

〔思考改善職場問題的方案〕

明確找出問題點　→　腦力激盪法　發散　→　評價・分類　收斂　→　思考改善方案　針對問題點　→　腦力激盪法　發散　→　評價・分類　收斂　→　決定改善方案

提出問題點　→　問題點的腦力激盪　→　評價重要性　→　提出改善方案　→　改善方案的腦力激盪　→　評價改善方案　→　決定改善方案

腦力激盪的訣竅

主題「空罐的使用方式」
〈改變視角來思考〉

可以當作容器來使用？
可以利用它的形狀跟材質？
可以讓它變形再使用？
可以組合好幾個空罐來用嗎？
可以當成廚房工具使用嗎？
可以拿來玩嗎？

空罐

13

透過分組和評價重要性來收斂情報

快速確立事物的優先順序

● 透過評價重要性（priority）和分組來找出重要情報

運用腦力激盪法發散想法之後，試著思考該如何收斂想法吧。在收斂這個階段，將會針對所有發散而得的想法，評價重要性並進行分組。

首先是評價重要性。一般來說，將**重要性分為五階段進行評價，是相當方便的一種方式**。這五個階段分別為：「5：非常重要」、「4：比較重要」、「3：重要程度普通」、「2：不太重要」以及「1：完全不重要」。

進行評價時，重要性的等級也會因人而異。出現意見分歧時，所有人都以評價較高的部分為優先，這麼一來，重要項目就不會輕易地被否決。

接下來是如何分組。**在考慮分組項目時，建議以各部門的專業機能為切入點**。例如，經營企劃、人事、會計、總務、開發、情報系統、生產、販賣、物流、進貨……等。

試著針對腦力激盪後發想出來的項目，評價重要性和進行分

透過評價重要性和分組來收斂想法

活用白紙（記錄範例）

```
              ①無法當場回覆有關交貨日期的諮詢。訂單系統沒有搜尋
                功能。
   C   5      ②下訂後才改交貨期的狀況頻繁發生。一天大概有三十
                筆。
   B   3      ③驗收採購商品時，發現許多品質不良的商品，特別是K
   G   4        公司和P公司。
              ④ ‥‥‥‥‥‥‥‥‥‥‥‥‥‥‥‥‥‥‥‥‥
   D   5      ⑤ ‥‥‥‥‥‥‥‥‥‥‥‥‥‥‥‥‥‥‥‥‥
   B   5      ⑥ ‥‥‥‥‥‥‥‥‥‥‥‥‥‥‥‥‥‥‥‥‥
              ⑦ ‥‥‥‥‥‥‥‥‥‥‥‥‥‥‥‥‥‥‥‥‥

              重要程度：五階段評價
              分組：標示問題組別
```

問題組別範例

A：公司方針、事業計畫、年度計畫相關
B：事業領域、目標客群、商品構成相關
C：事業關係的變化與應對
D：組織、權限與其他部門合作、與其他營業所合作
E：人才養成、人事、工作輪調、雇用
F：成本、毛利、定價策略
G：採購策略、銷售策略、營業所的營運狀況
H：資訊化、訂貨系統、辦公自動化
I：業務標準化、效率化
J：物流策略、在庫、商品管理
K：顧客需求的動向
L：溝通、員工士氣、企業文化

評價重要性範例

5：非常重要
4：比較重要
3：重要程度普通
2：不太重要
1：完全不重要

透過腦力激盪法（BS）　　分組（分類）、評價重要性（priority）

確立主題　　發散　　收斂　　主題達成

組。評價重要性時，以五階段來進行。進行分組時，以Ａ、Ｂ、Ｃ等記號來分類並標示腦力激盪時發想出來的項目。另外，兩者執行的順序無關緊要，不管要先評價重要性還是先分組都沒有問題。

●試著運用ＫＪ法進行分組

只要有幾個夥伴，就能運用白紙和便利貼進行思考的發散和收斂。首先是決定主題。例如，我們可以把主題設定為「為什麼公司不賺錢？」。

準備白紙和便利貼，把所有相關的人聚集起來。確定主題之後，透過腦力激盪法丟出問題。一張便利貼寫一個問題，每個人都填寫完畢後，收集所有便利貼。內容相同的便利貼不丟掉，而是將它們黏在一起。移動便利貼的位置，把類似內容的便利貼放在一起，然後把所有便利貼貼到白紙上。將類似內容的便利貼分為一組，然後為該組別加上標題。

完成後，只要概觀整張白紙的內容，就能透過一張白紙掌握所有問題（這種把各式各樣的情報簡單明瞭整理出來的方法，就稱為ＫＪ法〔川喜田二郎法〕）。

分組的祕訣在於以各部門的專業機能來分類

組織名稱	分組	組織名稱	分組
經營企劃	策略、方針、企劃	生產	生產、加工、組裝
人事	人、組織、教育	銷售	銷售、業務、促銷
會計	財務、資金、成本	物流	物流、庫存
總務	樓管、股東	採購	零件、資材調度
開發	商品開發、研究	品質	品質提升
資訊系統	系統、資訊	設備	設備設計、開發

運用KJ法進行發散和收斂

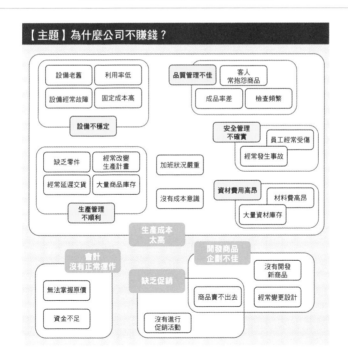

【主題】為什麼公司不賺錢？

14

用「is/is not」和「Before/After」的觀點來思考

將差距明確化以探究原因

●透過is/is not（是‧不是）指出變化的狀況

發生問題時，為了找出「為什麼會發生這樣的問題」，發生問題的原因為何，**針對問題發生前、發生後進行比較和評估是比較有效的方法。**為了明確找出兩者之間的差距（gap），針對「變化前後什麼改變了、什麼沒有變」進行比較，可以系統性地找出變化原因。

將變化前的正常狀況標示為「is」，問題發生、產生變化之後的狀況標示為「is not」，就能製作出可以左右比較的對照表。例如，A商品在變化前相當暢銷，但是突然之間A商品卻滯銷了，此時，將變化前相當暢銷時的狀況寫成「is」，不暢銷之後的狀況寫成「is not」，就能進行比較。變化前（is），競爭企業共三家，競爭品項共九種。然而，變化之後（is not），有一家新公司加入競爭，因此競爭企業增加為四家，競爭品項增加為十二種。因而浮現出A商品銷量下滑的候補原因，很可能就是新加入的那家競爭企業和其他競爭企業推出的新商品。為了確認這一點，可以透過調查新

透過「is／is not」使變化無所遁形

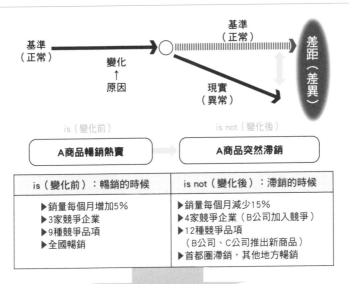

is（變化前）：暢銷的時候	is not（變化後）：滯銷的時候
▶銷量每個月增加5% ▶3家競爭企業 ▶9種競爭品項 ▶全國暢銷	▶銷量每個月減少15% ▶4家競爭企業（B公司加入競爭） ▶12種競爭品項 （B公司、C公司推出新商品） ▶首都圈滯銷，其他地方暢銷

用最快的速度調查B公司、C公司新商品的銷售狀況！
（銷量轉移到其他公司推出的新商品上）

比較變化前後
「發生什麼事？沒發生什麼事？」

發生什麼事？
（有什麼變化？）

什麼事沒發生？
（不變的是什麼？）

可以看出差別的人，就能確實比較當中的變化。

商品的販售情報進行驗證。

●用「Before／After」的視角進行比較

各位也可以透過觀察時序，來比較問題發生前後的差異。**透過觀察時序來比較差異的方式，就是Before／After。**

Before／After可以用來比較「過去－現在」，也可以比較「現在－未來」。

要知道如何把Before／After運用於比較「過去－現在」，何不試著比較過去的自己和現在的自己之間的差異？例如，比較看看三年前的自己和現在的自己，如果想不出自己有什麼顯著變化，可能代表在這期間你沒有什麼顯著的進步，那就開始學習新的技能吧！

在設定未來目標時，透過比較「現在－未來」的自己是很方便的一種方法。例如，一邊比較現在的自己，一邊試著寫下「三年後希望成為什麼樣的人」。試著為未來的自己設定一個可行並高標準的目標。

當要表現不同時序的變化時，透過Before／After來比較，是非常方便的一種方法。請各位務必嘗試看看。

透過比較「Before／After」的時序，讓前後差異明確化

變化前 |||||||||➡| 變化後

Before（過去：3年前）	After（現在）
●以取得記帳士證照為目標	➡ ●擁有記帳士證照
●不了解職場工作內容	➡ ●可以完全勝任工作
●幾乎不運動	➡ ●每週慢跑三次
●體脂肪率30%（輕度肥胖）	➡ ●體脂肪率23%（標準）
●儲蓄10萬	➡ ●儲蓄300萬

●只要比較這段時間內變化的部分，就能立刻看出自己的變化。

Before（現在）	After（將來：3年後的目標）
●擁有記帳士證照	➡ ●取得特許公認會計師執照
●可以完全勝任工作	➡ ●可以把工作內容完整地教導給部下
●每週慢跑三次	➡ ●擁有兩個以上的興趣
●體脂肪率23%（標準）	➡ ●將體脂肪率維持在20%
●儲蓄300萬	➡ ●儲蓄500萬（房屋頭期款）

●把Before設定為現在，After則是將來的目標。

15

透過少量情報推導結論的「假說思考」

透過事先預測拓展未知領域

●這世界大部分都由假說組成

太過追求完美，就難以找出結論。在這個世界上，絕對正確的部分寥寥無幾，人類的行為大多依靠假說。所謂假說，指的是「暫時的結論」，也就是在這個時間點對某種現象進行的解釋，雖然目前無法斷定百分之百正確，但是至今為止沒有發現太大的矛盾。一旦能夠證明該解釋百分之百正確，假說就會成為原理法則。

只要有百分之七十～八十的比例正確，假說就能成立。例如，經濟學家預測外匯趨勢，投資人則預測股價動態，這些行為都屬於假說。另外，「自己認為如此」並堅信此一解釋，也是一種假說。

如果總是要等到證明百分之百無誤才做決定，那不管花多久的時間都無法得出結論。所以，暫且以假設的結論進行思考吧。假說的正確性可以透過簡單的調查來進行驗證。如果找到了假說的矛盾之處，請立即修正你的假說。

建立假說應該怎麼做才好？**請冷靜觀察我們所處的社會和身**

所謂的假說，指的是暫時的結論

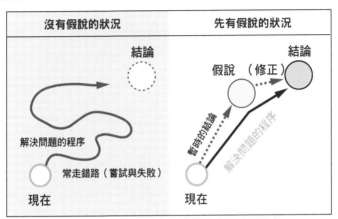

●在黑暗中摸索也找不到結論時，試著建立假說再思考。
●假說需要修正時，要做的是果斷進行修正。

只要有70%～80%的比例正確，
就能視為假說並開始進行驗證

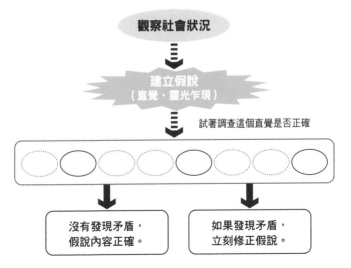

邊的人們，然後去重視那些從觀察當中得到的靈感。舉例來說，和他人交談時，你發現對方相當頻繁地提到金錢的話題。此時，你可以試著假設：「這個人有可能是拜金主義者，什麼事都用金錢來判斷。」為了驗證這個假說是否正確，可以試著多多觀察那個人，或是詢問他跟金錢價值觀相關的問題。這麼一來，就能判斷先前的假說是否正確。

●透過建立更多的假說來提升思考力

因提出進化論而聲名大噪的達爾文，他在馬達加斯加島發現了一種花，花的唇瓣向花瓣後方延伸出細長的花距，而且所有花蜜都集中在花距的最後端。達爾文因此做出一項假設：「在馬達加斯加島上，一定有一種擁有細長口器，可以吸到花蜜的昆蟲存在。」因為若是沒有這種口器長的昆蟲存在，這種花就沒有媒介協助傳遞花粉，無法持續繁衍下去。達爾文死後將近四十年，這種擁有長長的口器、能夠吸到花蜜的蛾類終於被世人發現。

當你提出一項假設，即使只有少量的情報，也能提前預測未來。**透過假說思考，人們能夠掌握未被察覺的現象，向未知的領域跨出關鍵的一步。**

達爾文的假說

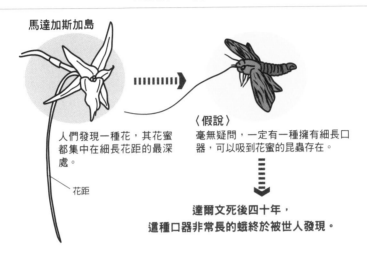

馬達加斯加島

人們發現一種花，其花蜜都集中在細長花距的最深處。

花距

〈假說〉
毫無疑問，一定有一種擁有細長口器，可以吸到花蜜的昆蟲存在。

達爾文死後四十年，
這種口器非常長的蛾終於被世人發現。

只要提出假設，就能透過少量情報預測未來

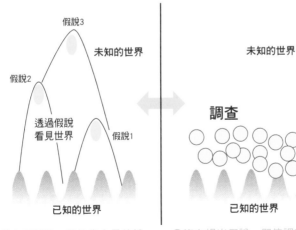

假說3

未知的世界

假說2

透過假說
看見世界

假說1

已知的世界

未知的世界

調查

已知的世界

●有了假說，就能靠少量的情報預測未來。

●沒有提出假說，即使調查得再詳細也無法預測未來。

16

運用矩陣分析，
有系統地呈現情報

不重覆、不遺漏，全面整理情報變得更加容易

●利用矩陣進行系統性的整理

只要利用矩陣，就能針對各種現象進行有效分析。矩陣分析是透過縱軸和橫軸的直角相交來建立座標軸，決定兩個想要分析的項目之後，將之配置於縱軸上方和橫軸的右方。**矩陣可用於想要用一張白紙紮實表現出整體狀況的時候，也能用來整理大量情報；透過賦予縱軸和橫軸特定意義，在整理並組織情報時相當方便。**

試算表軟體就是矩陣運用的代表實例。只要運用試算表軟體建構格式，就能很簡單地整理手中的情報，並且不會產生遺漏和重覆的狀況。

透過座標軸組織矩陣時，首先必須決定兩個座標項目。假設座標項目為A和B，在A延伸出去的相反座標上標示負A，B延伸出去的相反座標上標示負B。假設思考標的是個性分類，若將A設定為外向的，則負A為內向的；若B為開朗的，則負B為陰沉的，依上述方式將個性配置到座標軸上，然後在這個矩陣上逐步配置社交的、我行我素的等個性項目，就能簡單地將所有個性分類整理在一張紙

矩陣的使用時機

●想要將整體呈現在一張紙上時。
●整理大量情報時。
●透過賦予縱軸和橫軸意義整理情報時。

使用案例

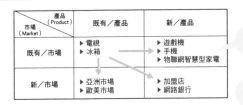

市場 (Market) ＼ 產品 (Product)	既有／產品	新／產品
既有／市場	▶ 電視 ▶ 冰箱	▶ 遊戲機 ▶ 手機 ▶ 物聯網智慧型家電
新／市場	▶ 亞洲市場 ▶ 歐美市場	▶ 加盟店 ▶ 網路銀行

新事業的
構想整理

逐項
整理情報

主題	目標	重點課題	推廣部門
擴大事業領域	以年輕客群為目標，建構……。	①新事業計畫 ②調查顧客需求 ③…………	企劃部 開發事業
間接部門BPR（企業流程再造）	透過減少30%的間接成本（3年），強化成本的競爭力。	①業務分析 ②………… ③…………	會計 總務 人事
重新打造產品陣容	從產品本身，到連結商品和服務的系統商品陣容……。	①………… ②………… ③…………	……

將A和負A、B和負B配置在座標軸上以建構座標

〔以個性分類為例〕

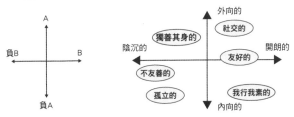

●相反方向的座標（A、負A）必須設置涵義相反的指標項目。
●直角交叉的座標（A、B）必須設置無關的指標項目。

上，同時不造成遺漏和重覆。

●一起活用矩陣吧

　　你也可以透過在方塊當中配置A、負A和B、負B來建立座標軸。讓我們以「整理新事業構想」為題來思考看看吧。若將A標示為既存事業（產品和事業）、B標示為既存市場（顧客和市場），則負A為新事業、負B為新市場。

　　透過建置矩陣，可以思考包含A×B、A×負B、負A×B、負A×負B等所有可能的組合。

　　PPM（項目組合管理，Product Portfolio Management）是矩陣分析的方法之一。在這個矩陣當中，縱軸為市場成長率的高低，橫軸則為市場佔有率的高低。而縱軸和橫軸的高低數值，都以中間為境界線向外發散。藉此可以判斷市場成長率每年成長百分之五以上，市場佔有率成長為業界最高。

　　在建置好的矩陣當中，使用圓圈來標示事業項目。圓圈的面積愈大，代表總銷售額愈高。至於圓圈的位置，則由市場成長率和市場佔有率來決定。**PPM事業矩陣，是分析公司業務結構變化的一種方法。**

在方塊當中配置A、負A和B、負B以建立座標軸

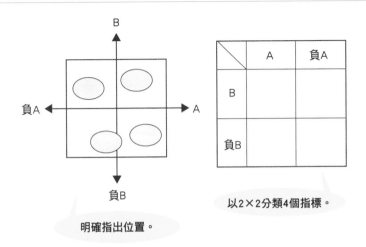

明確指出位置。

以2×2分類4個指標。

PPM（Product Portfolio Management）的分析案例

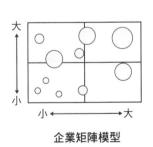

企業矩陣模型

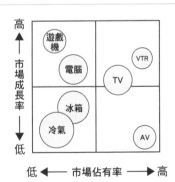

在縱軸和橫軸標示評估項目，可以透過圓圈的大小呈現第三種評估項目。

能夠概觀事業整體的PPM事業矩陣。

17

運用SWOT分析制定策略

確實掌握「優勢／劣勢」「機會／威脅」

●SWOT分析是一種簡單的策略分析方法

當企業在擬定經營策略時，SWOT分析是一種實用且便捷的方法。

SWOT分析主要用於分析企業身處競爭對手環伺之下所面臨的「機會」與「威脅」，以及企業自身的「優勢」與「劣勢」。機會與威脅，主要與企業外部的條件相關，外部指的是受外在操控影響的現象與趨勢，例如顧客、競爭、大環境等。另外，在考慮機會與威脅時，不能只考慮現況，試著預測中期（三年後）之前的變化也是相當重要的。

企業內部則是針對自身的「優勢」與「劣勢」進行分析。但是，發現自身「優勢」時請不要陷於自我滿足之中，務必冷靜分析，相較於其他競爭者，自身是否真正具備優勢。

SWOT分析的極致之一是「活用機會並克服威脅」，另一項則是「利用優勢並克服劣勢」。為此，讓關係者察覺到外部的機會與威脅，以及內部的優勢與劣勢，是踏出第一步的關鍵。

簡單的策略分析方法：SWOT分析

企業外部（顧客、競爭、環境）	● 亞洲市場的擴大 ● 智慧型手機的普及 ● 網際網路的普及 ● 物聯網智慧型家電進入日常生活 ● 酷愛品牌的日本人 ● 新屋熱潮（換屋需求） ● 電視4K化 ● 個人化	● 二番手商法(注)的極限 ● 售價下滑 ● 循環利用法的導入 ● 智慧型手機市場進入成熟期 ● 家電量販店的強勢銷售力 ● 因內部告發使問題公諸於世 ● 中國生產的品質問題
	機會 **威脅** **優勢** **劣勢**	
企業內部（公司本身）	● 擅長製造高畫質液晶螢幕 ● 擅長小型化技術 ● 具備某種程度的資金實力 ● 大量閒置資產 ● 公司的銷售力道強勁 ● 認真的員工 ● 關西地區的銷量強勢	● 相關販賣代理商的弱化 ● 量販通路的銷售力道弱 ● 缺乏彈性的官僚組織 ● 高成本體質（年功序列制、員工高齡化） ● 太多分公司（本公司的向心力低落） ● 人事制度僵化 ● 非顧客導向

SWOT分析的使用方式

①充分運用優勢來把握新的機會。
②優勢碰撞機會，尋找新的出路。
③優勢碰撞威脅，化危機為轉機以尋找新的出路。

④克服劣勢，並找尋將之轉化為優勢的機會。
⑤放棄劣勢，將資源運用在強化優勢。

注：二番手商法為企業避免過早投入市場，待確認同類產品已經受到市場歡迎之後，於消費需求大增的時間點加入市場的一種經營策略。

另外，活用公司本身的優勢，也能打造出容易獲勝的企業體質。遭遇機會和威脅時，如果能充分運用優勢，就能使公司往有利的方向發展。為此，考慮未來的企業策略時，也必須把「優勢碰撞機會，尋找新出路」和「優勢碰撞威脅，化危機為轉機來尋找新出路」納入視野當中。

●運用SWOT交叉分析找出課題

當要從SWOT分析裡找出企業的經營課題時，SWOT交叉分析是一個便捷的方法。**SWOT交叉分析是一個3×3的矩陣**，上排的中間設定為機會，右邊則設定為威脅，中排、下排的左側則分別設定為優勢、劣勢。

優勢與機會相交的中排中央，請針對「優勢×機會」進行思考，並寫下這個部分的經營課題。舉例來說，健康導向、美容導向的機會，和公司本身領先市場的奈米技術優勢結合，就能寫下「強化化妝品或健康補給品事業」等經營課題。

接下來，繼續填寫「優勢×威脅」、「劣勢×機會」和「劣勢×威脅」以完成整個矩陣。若能活用公司的優勢，就能在競爭當中輕鬆取勝。因此，以優先順序來說，「優勢×機會」和「優勢×威脅」這兩項是最重要的經營課題。

SWOT交叉分析

企業外部 （顧客、市場、競爭、大環境） 企業內部 （公司本身） 策略、組織、企業文化、海外經營資源（人力、貨物、資金、情報） 情報＝顧客情報、技術、know-how、專利、資訊科技	O：機會 ● 亞洲市場的擴大。 ● 醫療市場的成長。 ● 健康導向、美容導向。 ● 高齡化因素導致醫療市場擴大。 ● 智慧型手機的普及、資訊科技和物聯網技術的加速發展。	T：威脅 ● 國內市場趨向成熟。 ● 精密設備製造商進入醫療市場。 ● 美容產業、健康產業的競爭加劇。 ● 市場規制導致競爭失去自由並成為新廠商進入市場的障礙。 ● 免費商機、無限量使用等業務加速發展。 ● 劃時代的技術銳減。
S：優勢 ● 專注於大規模生產與販賣業務。 ● 扁平式組織和階層式組織的靈活運用。 ● 培育能夠應對變化的人才。 ● 領先的奈米技術。 ● 印刷技術、醫療技術、影像技術、底片製造技術。	**課題：S×O** ● 積極擴展海外市場。 ● 強化以下事業：醫療、製藥、化妝品、健康補給品。 ● 積極擴大亞洲市場。 ● 擴大定期購買制、會員制等業務。 ● 建立全球供應管理網路。	**課題：S×T** ● 將目標客群從國內市場轉移到亞洲及全球市場。 ● 強化公司對美國企業的競爭力。 ● 建立在通縮經濟下也能取得高額利潤的成本結構。 ● 停止廉價的削價競爭。 ● 將生產部門、勞動密集型部門外包出去。
W：劣勢 ● 難以應對快速變化的產業，如家電產業、IT產業等。 ● 太紳士的企業風氣，不擅長做髒活或政治交涉。 ● 手握大量專利和技術卻沒有好好運用。 ● 和最先進的公司相比，IT活用發展狀況有限。	**課題：W×O** ● 選擇並集中在一個穩定又大量的市場（大眾市場）。 ● 透過併購進行多角化經營（轉向積極策略）。 ● 創造獨一無二的商品和品質。 ● 加速外包生產和物流業務。	**課題：W×T** ● 將勞動密集型的業務縮減至最小（退出市場或外包）。 ● 積極拓展提供免費樣品的業務。 ● 擴大網路購物、定期購買相關業務。 ● 強化網購方面的IT技術（增加新顧客、讓顧客回流）。

18

運用流程分析使業務流程視覺化

第三方也能輕鬆了解業務全貌

●運用流程圖和箭頭以明確步驟

結合長方形圖框和箭頭就能製作流程圖。**工作流程有先後關係時，使用流程圖可以圖解步驟**，使步驟更清楚易懂。在右頁上方，我們試著畫出新事業的開發流程圖。設定主題、事前研究、基本計畫、可行性評估、詳細計畫、試行、正式實施等，試著將所有步驟放入流程圖吧！

另外，可以用箭頭符號表達流程步驟，也可以組合多個箭頭符號，成為一個較大的箭頭。

右頁的兩種圖，內容完全相同，不管使用哪一種形式，只要呈現的內容有先後關係，就能運用流程圖和箭頭符號使步驟更加容易理解。

●使用Flow Chart流程圖呈現詳細流程

當步驟太複雜，箭頭符號無法完整表達時，使用Flow Chart流程圖相當方便。**Flow Chart流程圖是透過將縱軸（或橫軸）設定為**

利用箭頭串聯流程圖

新事業的開發流程圖

1	設定主題	探索並決定新事業的主題。
2	事前研究	市場調查、蒐集情報、探索需求和種子。
3	基本計畫	新事業概要、銷售獲利計畫、策略腳本。
4	可行性評估	評價基本計畫、決定是否開始新事業。
5	詳細計畫	事業相關的詳細計畫、採購並準備管理資源。
6	試行	小規模試行、修正、正式開始實行前的準備。
7	正式實施	大規模實行、確保銷售利潤。

透過箭頭符號表現程序步驟（與上圖內容相同的圖解）

設定主題	事前研究	基本計畫	可行性評估	詳細計畫	試行	正式實施
探索並決定新事業的主題。	市場調查、蒐集情報、探索需求和種子。	新事業概要、銷售獲利計畫、策略腳本。	評價基本計畫、決定是否開始新事業。	事業相關的詳細計畫、採購並準備管理資源。	正式開始實行前的準備。小規模試行、修正、	大規模實行、確保銷售利潤。

●使用箭頭符號也能呈現流程步驟。

各個部門，然後詳細記錄業務流程的一種方法。針對簡單的業務流程使用箭頭符號，複雜的業務流程則使用Flow Chart流程圖。

Flow Chart流程圖可以運用在業務改革、設計新的資訊情報系統以及製作說明手冊。首先，在業務改革方面，可以利用Flow Chart流程圖對業務內容進行現況分析。另外，想要明確記錄業務改革後的狀態時，也可以使用Flow Chart流程圖來整理。更進一步地，也可以使用Flow Chart流程圖製作已經定型化的日常工作業務說明手冊。透過將流程視覺化，能幫助我們掌握業務的整體結構。

要將簡報資料整理在一張紙上的時候，Flow Chart流程圖也是相當方便的工具。例如，背景、目的、現狀分析、事業方針、事業概要和企劃詳細內容等，要在一張紙上整理出整體流程與它們之間的相互關係時，Flow Chart流程圖可以在短時間內展示整體狀況和結論。

將所有流程呈現在一張紙上時，不只容易說明，也可以提升對方對內容的理解程度。

使用Flow Chart流程圖分析業務非常方便

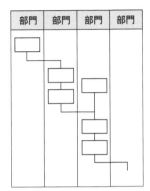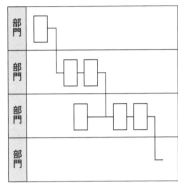

●Flow Chart流程圖可以運用於業務分析、業務設計。
●不管縱書或橫書,寫起來順手就好。

Flow Chart流程圖的應用

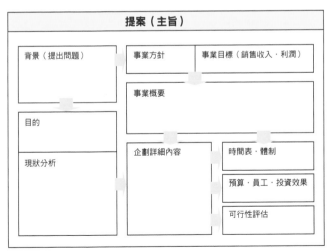

●將主旨濃縮在一張紙上,也可以運用Flow Chart流程圖。

19

明確表達概念

「歸根究柢，你想表達什麼？」用簡潔的語言呈現

●所謂概念，指的是將解決問題的精華匯總起來

針對經營方針的改革，A公司的老闆首先提到「加強組織管理」，然後花三分鐘向員工說明改革方針的概要。B公司的老闆則是對著員工說明公司的狀況和經營改革的方針，並且分別花費三十分鐘。A公司跟B公司都是員工五千人左右的大公司，各位認為哪一間公司的員工會比較了解公司的改革方針？

如果公司是員工只有數人的小公司，負責人要讓員工理解公司的方針，進而採取行動是非常容易的事。但是，一旦員工數量增加，老闆和員工的距離就會愈來愈遠。要向大量員工精確傳達公司的經營方針，比較有效的方式，就是簡單明快地切入重點。

為了可以簡單明瞭地傳達，只要先問自己，要傳達的那件事情「歸根究柢」是什麼樣的事情就好。

在這個資訊爆炸時代，比起蒐集情報，更重要的是如何捨棄不必要的資訊。所謂的概念，就是將基本方針用簡單的語言表達出來。同時，它也是解決問題的精華。

傳達概念，溝通更無礙

哪一邊比較好懂？

A 老闆 ⭕ ✖ B 老闆

● 一句話提出概念「加強組織管理」。

● 三分鐘說明重點。

● 說明公司狀況三十分鐘。

● 說明公司方針三十分鐘。

概念就是將基本方針用簡單的語言來表達。

企業改革的關鍵在於概念

CSR（企業的社會責任）
加強組織管理（控股公司）
精簡的管理模式，低資金的管理模式
SCM（供應鏈管理）
遵守法規
顧客至上主義
工作方式的改革

Concept譯為「概念」，也就是將「歸根究柢，那是什麼？」用簡潔的語言來表達。

在具體檢討內容之前，事先考量「歸根究柢，是什麼樣的方針？」、「歸根究柢，如何解決？」，然後透過概念，簡單明快地表達出來。舉例來說，「加強組織管理和精簡管理」等概念，就是企業改革的關鍵。

●各式各樣的概念

豐田汽車正以5R活動為概念，致力於改善環境問題。所謂的5R，由①Refine（精煉）、②Reduce（減量）、③Reuse（重複利用）、④Recycle（循環再造）、⑤Retrieve Energy（回收能源）這五個詞彙的第一個字所組成。在決定團隊管理方針時，也應該隨時謹記，將方針透過概念簡單明快地傳達。例如3S，就是以三個英文詞彙Speed、Simple和Smile的第一個字母所組成，藉此讓內容變得更好記。

另外，在顧客服務方面，以一站式解決方案（one-stop solution）為改革概念的企業也正在增加。這是一種由一個公司（自身）負責解決所有問題的思考模式。

透過概念傳達方針

【例1】豐田汽車的5R活動（資源的有效運用）

①Refine（精煉）透過改變材料、設計以減少廢棄物，並
　擴大再利用的規模。
②Reduce（減量）發展不產生廢棄物的設計和生產技術。
③Reuse（重複利用）在同一個工程當中重覆運用廢棄
　物。
④Recycle（循環再造）將廢棄物有效運用於其他用途。
⑤Retrieve Energy（回收能源）作為一般資源來活用。

【例2】團隊管理方針的案例

團隊管理方面，
請牢記「3S」。

【例3】改革顧客服務

一站式解決方案

顧客的所有問題都由我方承擔！

【例4】精簡管理範例

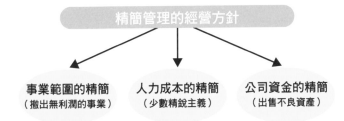

20

幫助解決問題的SEP思考程序

透過「分析─統合─評估─文件化」步驟激發靈感

●SEP思考程序是一堂解決問題的短期課程

每一天的日常生活，就是解決問題的連續。例如肚子餓這種等級的問題，只要決定去吃飯就能獲得解決。日常生活中不斷重覆的各種問題，我們都在無意識之間不知不覺地解決了。然而，暑假要去哪裡玩？窒礙難行的工作該如何解決？當面對這些不常遇到、無法在無意識的狀況下獲得解決的問題時，如果能夠學會解決這類問題的技巧，將會非常方便。

有一種簡單的思考過程，可以幫助我們輕鬆又快速地解決問題。這堂解決問題的短期課程，就稱為SEP思考程序（system engineering process）。SEP思考程序是NASA（美國國家航空暨太空總署）所開發的一個可以激發人類智慧的方法。具體來說，就是透過「分析─統合─評估─文件化」的順序，提出解決問題方法的一種思考過程。

只要確認目的，就能進行情報蒐集並試著進行分析。試著分析之後，由於很快就會浮現一些針對問題的解決對策，此時請同時

激發靈感的SEP思考程序

一個激發靈感的思考過程

確認目的	所有經營活動的第一步。
分析	蒐集情報並進行分析。
統合（思考替代方案）	●提出可能成為解決方案的靈感，並進行統整性地思考。 ●思考替代方案，作為解決方案的修正與補充。
評估（含決定）	評估替代方案並決定最佳解決方案。
文件化	將情報整理為文書資料。

SEP思考程序的應用實例①

（目的）暑假要去哪裡玩？

確認目的	●決定暑假旅遊的地點（以國外為前提）。
分析	●可以請幾天假？（請假日子的起訖）。 ●蒐集海外旅行的旅遊手冊、在網路上搜尋相關資訊。 ●購入海外旅行的旅遊情報雜誌。 ●向友人詢問推薦的觀光地點。
統合（思考替代方案）	●列舉候補的旅遊地點。 ●濃縮選擇到幾個有可能的地點（思考三個左右的替代方案）。
評估（含決定）	●評估旅遊地點。 ●決定旅遊地點。
文件化	●將決定旅遊地點的前因後果記錄下來。 ●將分析情報活用於具體的旅遊計畫。

LOGICAL THINKING

第1章 思維模式 91

準備幾個替代方案（候補的解決對策）。**所謂的統合，就是提出替代方案並進行統整性的思考**，是為了準備替代方案而使用的方法。準備幾個替代方案之後，針對這些方案進行評估，並決定一個最佳的解決對策。為什麼會選擇這個解決對策？將思考過程整理成能夠說服第三者的文字，也就是將思考過程文件化。

當需要解決一些問題，或是想不出解決問題的方法時，請各位回想起SEP思考程序這項工具，並試著應用看看。

●SEP思考程序的應用實例

接下來一起來看看SEP思考程序的應用實例吧。以「暑假要去哪裡玩？」為目的，試著思考並解決問題（九十一頁下圖）。

首先，確認目的之後，開始蒐集認為必要的情報。可以前往旅行社取得旅遊手冊，或是搜尋網路以獲取旅遊相關的資訊。如果能事先決定必要的資訊為何，例如預算、旅遊期間、國內還是國外等等，在蒐集旅遊手冊時就能縮小範圍、減少作業上的麻煩。蒐集到必要的情報之後，將可能的候補地點濃縮到三個左右，評估自身的期待和所需的花費，決定一個最佳的旅遊地點。最後透過文件化，記錄自己從整理情報到決定旅遊地點的過程，並留存下來作為總結。

SEP思考程序的應用實例②

（目的）找到有上漲空間的股票並投資

確認目的	●確認目的是投資股票。 ●確認並確保投資預算以及預算上限。 ●明確決定退場基準。
分析	●掌握經濟動態。 ●多方面分析股價。 ●尋找有潛力的企業。 ●分析有潛力的企業。
統合（思考替代方案）	●列舉候補的投資企業（十來家）。 （為了不錯過投資時機，廣泛列舉候補公司）
評估（含決定）	●濃縮候補的投資企業（幾家）。 ●風險管理。 ●決定投資企業。
文件化	●記錄評估／決策之前的前因後果。 ●記錄投資後的狀況。

SEP思考程序的應用實例③

（目的）想要實行變健康的方法

確認目的	●選擇可以變得更健康的方法。
分析	●蒐集健康相關情報（飲食、用藥、運動等）。 ●找到認識的人當中的健康達人，並傾聽其意見。
統合（思考替代方案）	●找到十個左右對健康有益的方法。 ●縮小範圍到更有希望的方法，大約濃縮到三個左右。
評估（含決定）	●思考投資報酬率，評估所有替代方案。 ●決定實行的方法。
文件化	●記錄決策之前的一連串前因後果。 ●活用分析情報，使之對後續的行動有所幫助。

21

運用選項思考以拓展可能性

提出各式各樣的替代方案，再縮小範圍

●有替代方案及沒有替代方案之間的差異

各位是否也認為，執著於碰巧迸出的靈感而忽略現實狀況的人，意外地相當多？或是，突然想到什麼，就開始檢討先前提出的經營課題該做還是不該做，喜歡這麼做的人似乎也不少。

在堅持一個偶然想到的方案之前，稍微停下腳步，先試著思考那個方案以外的可能性，這個動作是做出成功決策的重要關鍵。例如，考慮新事業的方向時，不執著於一個特定方向，盡量拓展可能性並且更大範圍的進行探索，是相當重要的事情。

特地為了一個突如其來的想法討論做或不做，也只是偏頗的討論。**「是不是有其他的解決方案？提出各式各樣的替代方案再去蕪存菁」**才是更有效率的方式。這就是所謂的**「選項思考」**。選項思考能夠拓展視野，並且激發出各式各樣的替代方案，因此，利用選項思考，來決定一個最具魅力的解決對策吧！

不要執著一個方案，思考替代方案吧！

選項思考的運用時機

▶想要找出一個劃時代的方向時。
▶想打破現狀時、想改革時。
▶想激發出好的想法時。
▶必須做出重大決定時。

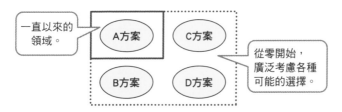

讓自己不忽視新的可能性的方法

●相信一定會有更好的方案。
●是不是因為偏頗的想法而讓機會溜走了？
●有沒有更加根本有效的方法？

●用三百六十度的視角思考替代方案

想要找出一個劃時代的方向時、想要打破現狀時、希望有好想法時，或是將要做出一個重大決定時……，都是運用選項思考的最佳時機。

例如，讓我們一起思考以下這個主題：「公司物流改革的概念為何？」

假設已經想到三個替代方案：「A方案：在公司內部改革」、「B方案：子公司化」、「C方案：外包（委外業務）」。從這三個方案當中檢討出更好的方向，也可能藉此從視野更廣闊的選擇中進行決策。

另外，決定搬家地點時，也可以用選項思考來決定。希望購買新屋、租屋，還是跟父母同住……，可以想到的替代方案相當多。最後，再從這些方案當中做出你的最終決策。

為了拓展替代方案的視野，建議各位透過MECE原則（不重複不遺漏的狀態，參考三十八頁）來思考。例如，搬家時可以考慮的選項，如「自有住宅」、「自有住宅以外」、「獨棟房屋」或是「集合住宅」等，從相反的角度或是從事物的正反面來思考，就能想到可能成為替代方案的提示。

為了拓展視野，透過MECE原則思考

（例）思考公司物流改革的概念為何？

A方案
在公司內部
改革

B方案
子公司化

C方案
外包

公司本身vs.公司以外（子公司、公司外部）

（例）想搬家

A方案
購買新公寓

B方案
購買新屋

C方案
租屋（公寓）

D方案
租屋
（獨棟房屋）

E方案
社會住宅

F方案
與父母同住

自有住宅vs.自有住宅以外（租屋、社會住宅）
獨棟房屋vs.集合住宅

●MECE 原則的訣竅，就是朝著「在這之外」和「相反」
的方向去思考。

將視野拓展到360度，發現正反兩面的盲點

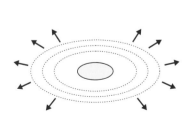

正

反

22

確保決策過程的一致性

「確認目的─建立替代方案─評估─決策」

● 為替代方案的評估／決策加裝「防護玻璃」

所謂的決策，指的是「帶著覺悟來決定如何分配無法重來的經營資源」。確實釐清決策的前因後果，並為這個決定加裝防護玻璃，具體來說，可以稱之為是一種「決策過程」。**所謂的決策過程，指的是「確認目的─建立替代方案─評估─決策」這一連串的過程**。這一連串過程必須非常明確，同時也要確保整個過程具備一致性。

在評估替代方案時，建議從定量評估和定性評估這兩個面向著手。**定量評估是一種能將數量或金額量化的評估方法**。例如，營業額和利潤的預估，就是一種代表性的定量評估。另一方面，**定性評估則是依據感性和直覺，是一種無法換算為數據的評估方法**。例如設計感就是訴諸感性，屬於定性評估的一種。結合定量評估和定性評估來進行評估，可以更簡單地鑑別出替代方案的優缺點。

評估替代方案並決定最佳解決方案

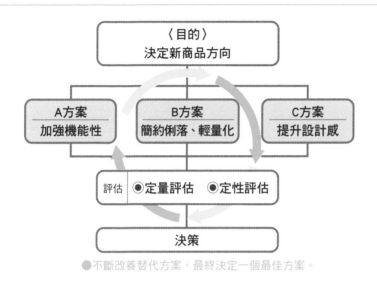

●不斷改善替代方案,最終決定一個最佳方案。

評估方法有「定量評估」和「定性評估」

【定量評估】

項目	A案	B案	C案
銷量 (預估)	24 萬個	15 萬個	20 萬個
單價	1,900 元	2,800 元	2,200 元
成本 /個	1,000 元	1,600 元	1,200 元
利潤	2.16 億元	1.80 億元	2.00 億元

【定性評估】

項目	A案	B案	C案
加強品牌實力	△	◎	○
提升價格滿意度	◎	△	○
優於競爭公司的 競爭優勢	◎	○	△
顧客滿意度	○	◎	○
新聞點	○	○	×
綜合評價	○	○	△

●評估並升級替代方案

商場上最浪費時間的行為，就是各執一詞以及毫無根據的指責。**A方案還是B方案？我們要做的不是毫無目的的胡亂討論，而是明確提出評估項目並客觀評估。**此外，透過結合定量評估和定性評估，評估結果對第三者來說，也可能具備說服力。

評估所有替代方案之後，接下來就是選擇一個最佳方案。但是，如果每個方案的評價都差不多，無法決定優劣時，就試著改善替代方案吧。透過一次又一次的改善，直到提出令你信服的方案之後，再採用其中一個方案。

以家電製造商為例，試著思考看看新商品企劃的決策過程。例如，我們想到三個替代方案：「A方案：加強機能性」、「B方案：簡約俐落、輕量化」和「C方案：提升設計感」。透過定量評估、定性評估來評估這些方案，比較並檢討當中的優缺點。在評估過程中再次改善A、B、C方案，最後決定採用C方案。甚至以C方案為基礎，提出三個更詳細、更具體的方案：「C1方案：打造品牌吉祥物」、「C2方案：和知名品牌製造商合作」和「C3方案：和知名設計師合作」。針對這些方案進行定量評估和定性評估，最後再從中選擇一個方案。

評估並升級替代方案,藉以達成最終方案

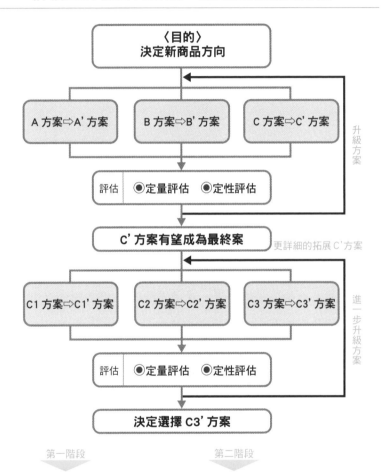

「A 方案:加強機能性」　　「C1 方案:打造品牌吉祥物」
「B 方案:簡約俐落 輕量化」　「C2 方案:和知名品牌製造商合作」
「C 方案:提升設計感」　　　「C3 方案:和知名設計師合作」

●一開始先大膽提出各種替代方案,再慢慢去蕪存菁,鎖定有希望的方案。

23

運用ECRS四大原則進行「捨棄」

依照「E→C→R→S」順序來考量

●捨棄的技術，是最高級的技術

整理整頓的基礎，第一件事情就是丟掉不需要的東西。接下來則是將必要的部分進行分類，並且將同種類的東西分為一組。最後決定所有東西的放置空間，使所有物品都能維持在整理整頓的狀態下進行管理。

捨棄的技術再更進一步，就是運用ECRS四大原則來思考改善方案，藉此減少改善需要花費的勞動力。當為了改善現況而考慮改善方案時，ECRS四大原則可以提供有用的提示。在ECRS當中，E（Eliminate）指的是停止、排除、廢止。C（Combine）指的是合併、統合。R（Rearrange）指的是替換、交換。S（Simplify）指的是簡化、單純化。

順序是運用ECRS原則的重要關鍵。首先從E（停止）開始思考，如果無法解決則進入C（統合）；C無法解決則進入R（替換），最後才進行S（簡化）的思考。為了保留至今為止的成果，我們常常以該成果為前提，傾向於考慮S的部分，但是，若要實行

整理整頓的四大流程——捨棄讓你更輕鬆

捨棄

下定決心將不需要的東西丟棄。

聚集

同種類的東西集合起來再分組。
（散亂無異於垃圾，有分類就是資源）

決定放置空間

決定物品該放置的位置並進行收納。
（東西變得隨手可得）

維持

好好維持整理整頓過的放置空間。
（東西使用完畢後歸回原位）

定期實行

S的改善方案，必須付出高於想像的時間和勞力。透過E→C→R→S
這個順序來思考，可以在短時間內得出效果更好的解決方案。

●運用ECRS四大原則輕鬆改善現況

在無法進行E和C的狀況下，就從R（替換）開始思考吧。可
以替換的東西，例如業務內容、人力、地點、材料等等。業務內容
的替換，指的是將你的業務外包。例如，若將業務外包給專門運用
資訊系統的公司，就能安排其他工作給公司內部原本的資訊系統部
門。在替換人力方面，舉例來說，可以把正式員工負責的業務轉給
兼職人員負責。一樣的道理，針對地點可以替換銷售和生產據點，
而材料部分可以改為使用便宜的材料或零件。

最後，如果還是無法改善問題，再考慮S（簡化）的部分。即
使業務本身有其必要性，也可以思考是不是有可能縮短時間？是不
是可以更合理的完成這項業務？

當你在思考解決對策時，請務必回想ECRS四大原則。**ECRS能
夠幫助你釐清問題，找到投資報酬率更高的解決對策。**

透過ECRS四大原則思考改善對策，效率更高

ECRS（停止→統合→替換→簡化）

	ECRS	內容	例
1	E （Eliminate）	停止 捨棄	▶ 消除不必要的支出。 ▶ 消除重工和修正。 ▶ 停止投資報酬率低的業務項目。 ▶ 不做「好像應該要做」的工作。
2	C （Combine）	統合	▶ 合併會議，減少會議次數。 ▶ 以團隊為單位分配職責。 ▶ 將座位集中在同一個地方。 （可以改善溝通狀況） ▶ 按照職責分配類似工作。
3	R （Rearrange）	替換	▶ 替換為高性能的設備。 ▶ 替換材料。 ▶ 將面對面的會議改為視訊會議。
4	S （Simplify）	簡化	▶ 縮短會議時間。 ▶ 縮短報告時間。 ▶ 減少跟達成目的無關的資料。 ▶ 簡化負責範圍，讓人更好理解。

● 首先，從最不費力的「停止」和「捨棄」開始考慮。
● 無法解決問題的話，開始考慮如何「合併」兩個以上的東西。
● 最後再考慮「替換」和「簡化」的可能性。

24

利用圖框整理構成要素的相互關係

「獨立」、「包含」、「重疊」是基本形式

●利用圖框使相互關係更明確

圖解與文章不同，圖解無法使用曖昧不明的表達方式。舉例來說，在文章可以說「今天電車很擁擠」，但是如果用圖片來呈現擁擠的電車，就必須具體呈現出擁擠的狀況以及實際人數。

透過圖解來表達時，明確呈現出構成要素彼此之間的關係是必要關鍵。例如，在有兩個構成要素的狀況下，這兩個要素是彼此獨立、還是一個要素包含另一個要素，或是彼此有部分交集？我們必須明確指出兩個要素之間的關係。「獨立」、「包含」和「重疊」是相互關係的基本形式。

當構成要素彼此獨立時，可以利用箭頭呈現兩者之間的關係。兩者之間的關係，主要有「對立」、「雙向」、「順序」和「原因與結果」。兩者對立時，可以在兩個構成要素之間，放入雙箭頭呈現其中的關係。雙向關係時，結合一個往左、一個往右的兩個箭頭，就能表達兩者之間互有往來的狀態。表達兩者之間的順序時，則可以用一個單向箭頭連接兩個要素。

要素之間的關係基本上區分為
「獨立」、「包含」和「重疊」

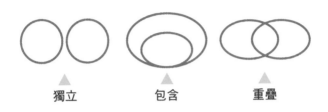

獨立　　　　　　包含　　　　　　重疊

獨立要素之間的關係：
「對立」、「雙向」、「順序」和「原因與結果」

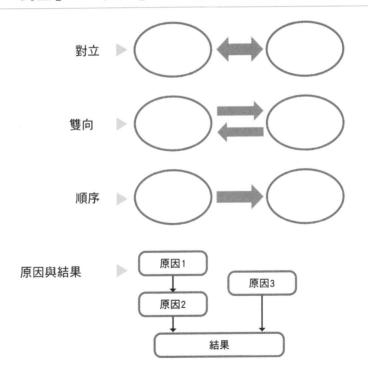

對立

雙向

順序

原因與結果

原因1

原因2

原因3

結果

●各式各樣的圖解基本形式

其他還有各式各樣的基本形式，只要知道這些基本形式，就不需要從零開始思考，非常方便。「鏡餅」形狀就像日本過新年時吃的重疊年糕一樣，呈現出一種在穩固基礎之上持續累積的狀態，可說是一種立體的包含關係。**「隨機相關」則是將構成要素的因果關係用箭頭來聯繫的一種形式**，適合用於各種複雜的因果關係相互交纏的狀況。如果要素之間的因果關係較為單純，可以使用「循環」來呈現。循環是用箭頭表達三個以上的構成要素往同一方向轉動的一種形式。「平台」是在一個巨大基礎之上，並排所有構成要素，可以呈現出共同基礎相當穩固的狀態。

還有因為附加條件而彼此分歧的「Yes／No」形式。例如，Yes往左、No往右，可以呈現出在附加了特定條件之後產生分歧的狀況。另外，還有可以不斷累積階層的「目錄」。「目錄」是一種層次結構，也使用於電腦的資料夾構成，或是電腦軟體的工具列（指令一覽）。

各式各樣的圖解基本形式

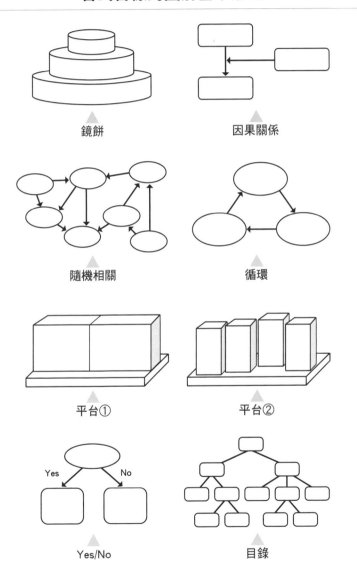

鏡餅

因果關係

隨機相關

循環

平台①

平台②

Yes/No

目錄

25

因果關係以箭頭彙整

目的是將腦力激盪的結果妥善整合

●試著寫下關鍵字（箭頭便利貼）

在看不清楚整體樣貌時，首先透過腦力激盪寫下關鍵字。大致完成以後，運用「隨機相關」的形式，用箭頭把關鍵字一個一個串連起來。

接下來，讓我們用具體的實例來思考。某家公司為了找出「為什麼員工沒有幹勁」的原因，以此為主題，利用關鍵字來思考可能的原因。想到什麼關鍵字就持續寫下來，例如：「瀰漫著一成不變的氣氛」、「銷售不穩定」等等。一人手寫一張A3白紙，或是寫在便條紙上，然後把便條紙貼在白紙上進行整理，這個方法不僅便於改變關鍵字的排列，當你希望最大限度的減少重寫，或是減少寫錯的廢棄紙張時，使用便條紙也相當輕鬆。聚集與主題相關的人，幾個人圍在紙張旁邊，在便利貼上寫下想到的問題點。

寫好之後，蒐集所有問題點，用「原因→結果」的方式，把看似有關的關鍵字用箭頭連接起來。透過觀察箭頭的終點以及箭頭的流動方向，就能探究問題發生的原因為何。

首先，試著透過腦力激盪寫下關鍵字

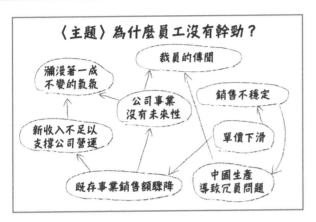

●幾個人圍著一張紙，在便條紙上寫下想法後，再整理在紙上也不錯。

用箭頭確認關係之後，試著改變排列看看

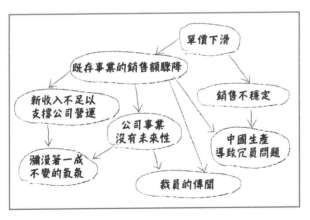

●一個人進行思考時，也可以先寫在便條紙上，後續就能輕鬆改變關鍵字的排列。

●試著把列舉的關鍵字繪製成圖解

讓我們再透過另一個主題,從提出關鍵字到繪製圖解,將整個過程從頭到尾思考一遍吧!這次的主題是:「全球化時代日本的問題和對策」。

首先,在A3白紙上寫下關鍵字。把可以表達日本經濟現狀的關鍵字寫下來,如候補的新事業等,想到什麼就寫下來。只用關鍵字沒辦法表達時,就用條列式的短文表達。

大概完成後,綜觀整體內容,思考該從哪些觀點切入進行分組。

例如,把日本整體的問題歸類在A,個別企業的問題歸類在B,用彩色筆一一標上記號(如右頁上圖)。

所有項目分類之後,再用更大的類別歸類,最後總結為三個左右的主要類別。**只要有三個左右的主要類別,就能幫助你掌握整體狀況。**一邊考慮因果關係,一邊用箭頭慢慢連結各項要素吧!

寫下關鍵字時，在腦中整理「歸根究柢，自己到底想說什麼？」

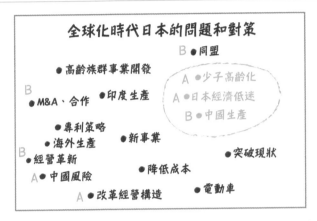

●有沒有明確表達出想表達的東西→把想表達的東西寫在紙上看看。
●主旨條列式、列舉關鍵字。

透過手寫決定內容大綱

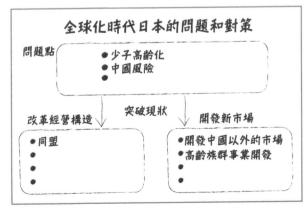

●把內容統整為三個左右的主要分類，手寫繪製圖解的整體配置。

26

精準運用六個圖解模式

優先考慮整體版面配置而非內容

●輕鬆完成圖解的訣竅

當腦中一團混亂時,請試著寫下關鍵字,最後總結為一份圖解摘要。

假如還不習慣圖解的形式,**事先構想整體的版面配置,是比較輕鬆的做法。**

先完成放置關鍵字的框架之後,再把關鍵字寫進去。

舉例來說,如果要整理三個流程,先在紙上寫下圖框和箭頭。圖框和箭頭的配置構思完成後,再把關鍵字一個一個填進去。

當你更加精通圖解的製作後,就能事先在草稿上畫出粗略的版面配置。如果有必要,只要在圖框裡寫下幾個關鍵字,接下來就可以把整個版面複製到電腦當中完成。

版面的主要流動方向,有上到下、左右分佈、左到右(右到左)和隨機……等方式。事先決定使用哪個版面,可以幫助你在製作圖解時,把嘗試、失敗和重寫的次數降到最低。

圖解達人會優先考慮版面配置而非內容

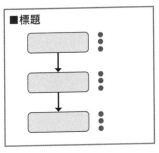
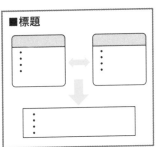

●先大致畫好版面配置，再填入文字和文章。
●如果要把文章條列式，記得加上符號標記。

圖解的基本流動方向

上到下

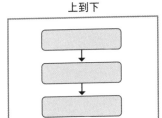

左右分佈

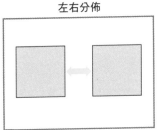

左到右（右到左）

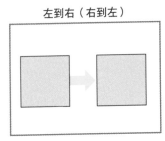

隨機

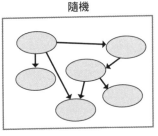

●圖解有六種模式

如果系統性地整理圖解的模式，可以將之**分類為以下六種：**「**相互關係圖**」、「**流程圖**」、「**階層圖**」、「**矩陣**」、「**表格和圖表**」以及「**插圖**」。

第一種模式為相互關係圖，是整理各種情報的基本手法。當要呈現情報之間的相互關係、因果關係時，這個模式是最常使用的圖解方式。

第二種模式為流程圖，可以運用在業務分析以及製作工作手冊。有順序的內容使用流程圖，這一點請各位銘記在心。

第三種模式為階層圖，在整理大量情報時，這個方式相當方便。邏輯樹就是階層圖的代表。透過階層來整理情報之間的大小、因果關係，可以一舉列出所有資訊。

第四種模式是矩陣，直角交叉的座標軸，可以用來整理各式各樣的情報。各種分析手法都可以利用矩陣來整理。

第五種模式為表格和圖表，使用電腦的試算表軟體，可以很簡單地使用各類表格和圖表。

第六種模式為插圖。插圖可以表現出行為和氣氛，並且透過對話框傳達訊息，具有訴諸直覺的優勢。

可以事先考慮使用哪一種圖解模式

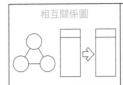

相互關係圖

● 呈現相互關係。
● 呈現因果關係。
活用實例
情報整理、構成要素、概念記述。

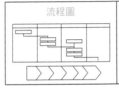

流程圖

● 呈現順序和步驟。
● 分析流程。
活用實例
業務分析、程序手冊、記述流程。

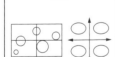

階層圖

● 用階層整理大量情報。
● 有系統的整理大小關係、因果關係。
活用實例
邏輯樹、整理課題、整理情報。

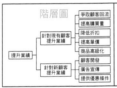

矩陣

● 活用座標軸整理情報。
● 使用格子（矩陣）製作情報地圖。
活用實例
多角化分析、策略分析、製圖（定位）。

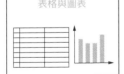

表格與圖表

● 把數據和情報用表格來整理。
● 把數據情報化為圖表。
活用實例
銷售額分析、成本分析、情報整理。

插圖

● 用插圖呈現狀態。
● 透過對話框傳達情報。
活用實例
對話、形象傳達、減少字數。

第 **2** 章

說話方式

LOGICAL
SPEAKING

27

第一件事情：「歸根究柢，你到底想表達什麼？」

●多聊聊自己擅長的領域

和他人聊天時，如果太過迎合對方，反而使人感到無趣。總是當一個Yes Man，對方說什麼都只會回答「是、沒錯」的話，永遠也不可能拓展話題。**尊重對方意見的同時，也提出自己的意見，才能使談話內容更多元、更有深度。**

不管是自己還是談話對象，都一定有擅長和不擅長的領域。如果彼此都可以活用自己的優勢來跟對方交談，就有可能透過交流，了解彼此原本不了解的領域。例如，站在消費者的角度來考量，應該都覺得便宜的蔬菜比較好吧？但如果你是生產者，根據你的經驗，昂貴的蔬菜反而能夠傳達種植蔬菜有多麼辛勞。透過交談，消費者這一方就會注意到日常購買蔬菜時，其實並沒有考慮到生產者的立場。

●把自己的意見和他人的意見區別開來

從別人那邊聽來的資訊，如果沒有充分理解就道聽途說，是

在己方陣地上談話相當自在

超市促銷對省錢有幫助，但對生產者來說就很辛苦了。

特版

原來還可以從這個角度來考量。

己方陣地

（思考方式、專業領域、擅長類別）

對方陣地

（思考方式、專業領域、擅長類別）

對自己的意見抱持信心

沒錯！

好像是這樣……

沒有自信

搖搖晃晃

別人的意見不夠理解推測

搖搖晃晃　　搖搖晃晃

●在自己腦中完全理解並經過思考後，即使被人質疑也不會動搖。

●沒有理論依據。
●不清楚究竟是事實或推測。

不具備說服力的。例如，當你說「聽說胺基酸飲料有益健康」時，如果對方反駁「喝胺基酸飲料不會攝取過多糖分嗎？」你會如何回應？好不容易才得知的情報，也有可能會被對方反過來質疑。

另一方面，如果親自嘗試過，真的覺得身體變得更健康，只要跟別人分享你的成功經驗，說服力就會大增。雖說如此，我們很難一一去驗證所有取得的情報。因此，**什麼是自己的意見，什麼是別人的意見，請務必養成區別兩者的習慣**。只要能明確區別哪些是聽來的情報、哪些是自己的意見，即使別人反問「真的嗎？」，你也不會輕易動搖。

●明確表達主張和提案

有一種人，講話總是落落長，根本搞不清楚他到底想表達什麼。例如，雖然他解釋了各式各樣的情況，卻沒有明確表達出重點，讓人疑惑「他到底想要表達什麼？」。如果只是說明狀況，別人不會知道你想要表達什麼。因此，表達時，請養成在腦中思考「歸根究柢，我想說什麼？」的習慣。

「歸根究柢，我想說什麼？」，這個問題的答案，就是自己的主張和提案。因為你有主張、有提案，因此需要向他人表達。至於說明狀況，只是情報提供的一部分，因此，請務必提出能夠使你的主張或提案更具說服力的資訊。

　　只要能在腦中明確釐清自己的主張和提案，表達時就能剔除容易混淆視聽的資訊以及不必要的資訊。透過釐清「歸根究柢，我想說什麼？」，就能更簡單地判斷出說服他人所需的必要資訊是什麼。

歸根究柢，我想說什麼？明確釐清你的主張

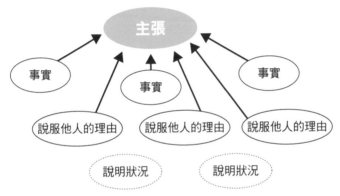

● 只是說明狀況，別人很難知道你要表達什麼。
● 表達時，一邊在腦中思考：「歸根究柢，我想表達什麼。」

不怯場的三個決心

28

參加會議、業務洽談或撥打電話前，事先寫下重點備忘清單

不要疏忽交涉前的事前準備動作

●在商談或會議前，事先寫好備忘清單

在商談或會議結束後，想著：「當時有先確認就好了……」各位是不是曾有過這樣的經驗呢？例如，商談時雖然有確認預算，卻漏了確認交貨時間，導致必須打電話確認。另外，如果會議時沒有決定下次的開會時間，會議解散後，可能導致行政單位必須為了協調開會時間，額外花時間聯絡與會人員。**一旦有事情忘了確認，就必須花費心力二次確認。**

為了解決這個問題，不妨在與他人見面商談前，事先寫下備忘清單。人與人交談時，常常講一講就開始閒聊，或是話題莫名轉往預期外的方向，很容易導致重要的事情都沒有確認的狀況。因此，為了防止不小心忘記事情，建議各位先寫下備忘清單。另外，事先製作會議預定確認事項、議題清單等資料，再用電子郵件寄給所有與會者，也是一個可行的做法。

與他人會面之前，先寫下重要事項清單

與A公司的會議備忘清單

①確認交貨期、時間表
②確認預算
③確認需求事項
④下次會議的時間、地點、與會人員

撥打電話之前，先寫好備忘清單

打電話給B公司時的備忘清單

〔傳達事項〕
①建築執照許可日以及字號
②聯絡竣工時間
③聯絡當初的計畫和變更的部分

〔確認事項〕
①B公司的匯款日期
②確認負責會計的名字
③詢問對方是否有其他需求事項

交涉前先決定階段目標

Win　　　　Win

●思考彼此都能接受的條件為何。
●事先想好彼此雙贏的條件以作為階段目標。

●撥打電話前，先條列確認事項

你曾經在掛斷電話後發現有遺漏的事，只好再打過去確認一次的經驗嗎？一旦掛斷電話，馬上又打給同一個人，其實是有點尷尬。當對方掛斷電話，心裡想著終於結束了，又接到同一個人打來的電話，他應該會覺得「這個人的效率真差」吧。為了一次解決所有待辦事項，建議各位在撥打電話前，事先寫下電話備忘清單。

如果要講的事情太多，也可以在打電話之前，先透過電子郵件或傳真把條列好的清單寄給對方。讓對方在講電話之前先想好答案，再打電話確認也是一個不錯的方法。另外，**可以用電子郵件解決的事情，請盡可能用電子郵件來確認，電子郵件不會限制對方回覆的時間，是相當善解人意的聯絡方式。**

●交涉前先決定底線

交涉時，如果沒有事先想好基本方針，常常導致事後後悔。例如，當對方反覆「拜託價格再低一點」並不斷要求降價時，一不小心可能會陷入不得不接受沒有利潤的訂單的窘境。

交涉之前，事先決定階段目標是很有效的做法。所謂的階段目標，指的是交涉結束時，對你來說算是談判成功的狀態。例如，這次會議以提出讓對方滿意的提案內容為目標，然後帶著這個狀態進入下次會議討論報價提案。這個做法，就是在交涉之前事先決定階段目標。

交涉前，請先決定一個最低的容許條件，也就是所謂的底線。如果沒有低於這個標準就破局的覺悟，就意味著可能再怎麼努力都不會有獲利空間。只要做好事前準備，就能防範未然，避免事後後悔。

交涉前先決定底線（最低容許條件）

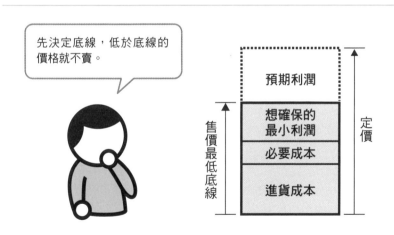

先決定底線，低於底線的價格就不賣。

預期利潤

想確保的最小利潤

必要成本

進貨成本

售價最低底線

定價

●事先決定底線，並且下定決心低於該標準就拒絕。
●如果沒有事先決定底線，很容易就被反覆的降價要求蠶食鯨吞。

29

三角邏輯可以讓陳述內容具邏輯性

確保「主張」（結論）、「理論依據」和
「數據資料」（事實）之間的一致性

●什麼是具邏輯性的陳述？（明確告知為什麼）

跟不清楚狀況的人說：「這家公司的股票會漲，現在買正是時候。」對方也不會明白，而且他們只會覺得「為什麼會漲？」並充滿疑問。

然而，如果是你相當信賴的人這麼對你說，你是不是會覺得「難不成真的是這樣」呢？

面對熟悉的人，即使是沒有邏輯的陳述也會被接受。對認識的人來說，就算你不說明「為什麼」，或許也能互相溝通。但是，如果對方是陌生人，聽到類似這樣的提議，他們只會滿腦子疑問「為什麼」，不會簡單聽信於你。**為了說服第三者，如果不能確實回答「為什麼？」是沒有說服力的。**而所謂邏輯，就是「有條有理」。因此面對「為什麼？」，就必須有條有理地逐步立論說明。

●理論的三大要素、三角邏輯

如果要呈現理論的三大要素，可以運用三角邏輯。本書十八

具邏輯性的陳述，指的是明確提出為什麼

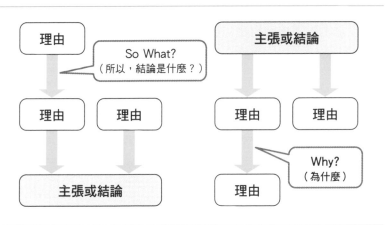

運用三角邏輯連結主張和理論依據

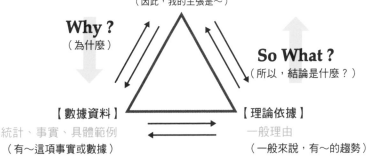

主　　張：敘述當中的結論、提案或意見、推論。
理論依據：原理原則、法則、一般趨勢或常識等理由。
數據資料：支持主張的客觀統計數字等數據，或是事實、具體範例等。
　（注）但是，如果數據資料和理論依據不足採信，那麼主張也不會被他人接受。

頁曾經提到，所謂的三角邏輯，指的是「主張」、「理論依據」和「數據資料」（事實）這三個要素之間，彼此沒有互相矛盾且具一致性，便視為具備邏輯性。

「主張」（結論）指的是「敘述當中的結論、提案，以及意見、推論」。

「理論依據」指的是原理原則、法則、一般趨勢或常識等，可以自然地被一般人接受的理由。

「數據資料」（事實）指的則是支持主張的客觀統計數字或事實。

為了讓主張能夠足以說服對方，必須準備數據資料和理論依據等說服材料，並且將之明確地傳達給對方。另一方面，不管提出多少數據資料或理論依據，只要主張不明確，就無法將要表達的內容傳達給對方。例如，即使跟對方說「日本少子高齡化了」、「景氣真差啊」，只要**沒有讓對方知道「你想講的到底是什麼」，沒有告知主張或結論的話，就不可能說服對方。**

●善用三角邏輯

「例題：就算價格比較貴，公寓還是買在車站附近比較好」，針對這個主張，試著思考看看如何運用三角邏輯，有邏輯地說服他人。在**數據資料**方面，可以提供新舊公寓販賣狀況之類的情報。另外，在理論依據方面，可以提出車站附近的公寓比較方便，

即使是舊房子，要轉賣時也比較好賣等理由。透過提出數據資料和理論依據，可以使主張更具說服力。

那麼，如果是以下這個主張，各位會如何說明呢？「例題：如果你的目標是成為搞笑藝人，就必須強化自己在談話節目的實力」（下圖）。在數據資料方面，可以說明長期受到歡迎的搞笑藝人，大部分都擔任主持人。另外，因為觀眾容易膩，要不斷推出新的搞笑段子相當困難，這個部分則可以作為你的理論依據。數據資料和理論依據是你的說服材料，如果無法靠說服材料明確地回覆「為什麼？」，你的主張就不具備說服力。

如果目標是成為搞笑藝人，就必須強化自己在談話節目的實力

【主張】
靠搞笑贏得人氣必須等待契機。最重要的是必須贏得談話節目的固定班底。最好成為像塔摩利先生那樣的節目主持人。

【數據資料】
● 搞笑藝人的人氣很難長期維持。
● 同樣模式的段子觀眾看半年就膩了。
● 近年來出現很多搞笑型的談話節目。
● 長期受到歡迎的搞笑藝人大部分是節目主持人（塔摩利、明石家秋刀魚、所喬治等）。
● 因為談話節目成為長期受歡迎的藝人很多。

【理論依據】
● 觀眾很容易膩。
● 一不上節目馬上會被觀眾忘記。
● 很難一直推出新的搞笑段子。
● 只要知名度上升就能得到上談話節目的機會。

30

運用歸納法的說話方式，
運用演繹法的說話方式

重視數據資料的歸納法，重視主張的演繹法

● 歸納法與演繹法

讀過邏輯思考的人，應該都聽過歸納法和演繹法吧。不過，只靠歸納法和演繹法這兩個名詞，可能還不清楚到底是什麼意思。如果運用三角邏輯來思考歸納法和演繹法，就會變得非常容易理解。

所謂歸納法，依循的順序是「透過閱讀個別事實的趨勢來推導主張」。

運用三角邏輯來思考，就是依照「數據資料」→「理論依據」→「主張」的順序來展開邏輯理論。在「數據資料」的階段，透過調查個別事實來蒐集說服材料，然後從個別事實去類推並將之整理為「理論依據」。最後，在試中糾錯中得到結果，並藉此引導出主張。歸納法就是依照這樣的順序推導出結論。

演繹法依循的順序則是「將個別的數據資料套用到一般趨勢當中，進而推導出主張」。運用三角邏輯來思考，即為依照「理論依據」→「數據資料」→「主張」的順序來展開邏輯推理。首先，

歸納法和演繹法的相異之處（比較）

＜歸納法＞

【主張】

Why？
（為什麼） ③ **So What？**

調查

【數據資料】 ① → ② 【理論依據】

運用**調查**結果歸結（收納）
至結論的推論法。

＜演繹法＞

【主張】

Why？
（為什麼） ③ **So What？**

前提或假說
草案

【數據資料】 ② ① 【理論依據】

透過演繹**前提或假說**（草案）
得到結論的推論法。

歸納法：透過閱讀個別事實的趨勢來推導主張

【主張】

必須針對A事業部制定根本對策。並且，有必
要盡快評估該事業部是否應重新編制，或直接
撤出該事業。

歸納法

【數據資料】　　　　　　　　　　　【理論依據】

●A事業部的營業額為一百億日圓。
●虧損二十億日圓。
●下一個會計年度也沒有轉虧為盈的
　跡象。
●這樣下去三年後就會陷入資不抵債
　的狀況。

●不能放任該部門持續虧損。
●不能陷入資不抵債的狀況。
●沒有未來性的事業很難繼續
　下去。

陳述順序

數據資料

⬇

理論依據

⬇

主張

以至今為止的人類經驗與知識為基礎，大膽提出理論依據。另一方面，也有人不靠經驗和知識，只靠直覺或靈光一現，就能找到理論依據。然而，不管是哪一種狀況，都必須證明自己提出的理論依據是否為真。因此，在「數據資料」階段，透過蒐集能夠證明理論依據的數據和事實，來確認理論依據正確與否。然後不斷試中糾錯，透過蒐集而來的數據資料進一步推導出主張。

●運用歸納法的說話方式

擁有豐富的數據資料時，運用歸納法非常方便。你可以蒐集各式各樣的資料，然後反覆試中糾錯。

讓我們透過「A事業部的對策」這個例題來思考（一三三頁圖）。首先透過分析現狀來蒐集「數據資料」，例如：A事業部的營業額為一百億日圓，虧損二十億日圓等。從這些資料當中開始推測，試著整理出足以成為說服材料的理論依據。

例如：不能放任該部門持續虧損、不能陷入資不抵債的狀況等，上述這些就是可以提出的原理原則。最後，引導出「必須針對A事業部制定根本對策」此一主張。

向他人說明時，直接順著歸納法的順序「數據資料」→「理論依據」→「主張」來說明即可。不過即使思考流程是採用歸納法，說明時，從主張開始說起也未嘗不可。

●運用演繹法的說話方式

　　當不想在經驗的延長線上找答案，而是想要大膽地提出主張時，演繹法是更方便有利的選擇。讓我們透過「商品陣容相關提案」這個題目來思考看看（下圖）。首先從大膽假設開始，試著提出理論依據，例如：「通貨緊縮時期便宜的商品較為暢銷」或「相同性能的商品，大多數人會選擇低價位的品項」等等。為了支持這些理論，可以舉出數據資料，例如：低價的雜穀酒銷售額提升、百元商店的受歡迎程度等。最後，再連結到「投入製造低價位的商品陣容」此一主張。

演繹法：將一般趨勢用個別數據資料來套用，進而推導出主張

【主張】
不要一昧地倒向高級商品，只要投入製造更低價位的商品陣容，就能提升業績。

演繹法

【數據資料】　　　　【理論依據】

- 通貨緊縮的經濟狀況似乎還會持續下去。
- 雜穀酒的銷量比啤酒高。
- 百元商店大受歡迎。
- 主婦想盡辦法節省家庭開支。
- 原本以高級商品導向為主的公司營業額驟減。

- 通貨緊縮時期便宜的商品較為暢銷。
- 相同性能的商品，人們傾向購買低價位的品項。
- 製造暢銷的商品是公司經營的主要課題。

陳述順序

理論依據

⬇

數據資料

⬇

主張

31

必須具備看見事實本身的觀察力

能夠區別事實和個人判斷

● 陳述必須基於事實

　　事實與個人判斷是兩個不同的概念。即使試圖透過混淆的事實與個人判斷來說服談話對象，也無法在邏輯上成功說服他們。**哪個部分是事實，哪個部分是個人判斷，明確區別兩者再開口，是非常重要的事。**

　　所謂的事實，指的是誰都無法否定的信息或概念。在刑事案件當中，不在場證明是一項重要的參考指標，而不在場證明必須基於事實。藉由不在場證明取得相關證據，來確認該不在場證明是否為事實。若該不在場證明確定為事實，就能從中抽絲剝繭，縮小犯人的範圍，在法庭當中也能站得住腳。

　　所謂的個人判斷，則是以事實為基礎，加上經驗與先入為主的觀念而產生的一種想法。個人判斷本身並不是什麼壞事，重要的是哪個部分是事實、哪個部分是個人判斷，你必須具備足以分辨兩者的能力。要在邏輯上說服他人時，所提出的數據資料如果只侷限於個人判斷，說服材料將變得相當薄弱。為了不被對方輕易反駁「那是

【小問題】哪一個陳述屬於事實？

你跟我在電車上，窗外下著雨。我把自己的觀察誠實列舉如下，請選出下列事項當中，可以被視為事實的陳述。

①正在下大雨。
②電車上有很多握把。
③明明不是通勤時間卻很擁擠。
④雨好像沒有要停的跡象。
⑤今天很多年長者搭公車。
⑥電車上有很多廣告。
⑦坐在你前面的人是上班族

請問有幾項是事實呢？

答案欄

答案：沒有事實，全部都是我的判斷和推測。

事實與個人判斷（推測）的相異之處

判斷＝事實＋經驗、先入為主的觀念

事實	誰都無法否定的信息或概念（客觀的）。
個人判斷（推測）	以事實為基礎，加上經驗與先入為主的概念而產生的一種想法（主觀的）。

判斷	⟷	事實
●正在下大雨		●正在下雨
●電車很擁擠		●有五十個人站在車廂內
●那個人很著急		●那個人說「快一點」

真的嗎？騙人的吧」，引用事實作為說服材料是更具效果的做法。

●讓自己具備觀察力

各位可以試著想像：在每個人的眼前，都帶著一副有色眼鏡（過濾器）。這副有色眼鏡，指的就是個人的經驗和先入為主的觀念。因為透過有色眼鏡來看事情，即使看著同樣的人事物，每個人的判斷也都不盡相同。我們總是很容易把自己的個人判斷誤認為事實，這一點請各位務必留意。

為了不將事實和個人判斷混淆，必須具備能夠直接看到事實本身的觀察力。只要養成「仔細觀察事實之後再做判斷」的習慣，就能最大程度地降低混淆兩者的風險。這麼一來，**當被問到「為什麼這麼說？」的時候，就能抽出事實的部分說明，提高說服力。**

●比較兩者可以更清楚地看出不同之處

用時序比較兩者之間的差異，也是一種非常有效果的說服手段。同時也是六十六頁曾經提到過的Before／After手法。透過比較過去和現在有什麼地方不同，可以明確指出兩者之間的差異。另外，也可以使用這個方法來類推現在和將來之間即將產生的改變。當需要比較兩者時，就用時序來進行比較吧。

試著比較三年前公司的狀況和現在的狀況，然後條列出來。任何產生變化的部分，也就是公司成長和衰退的部分。

運用Before／After來比較，可以清楚看見差異

比較過去和現在

Before（前：過去）	After（後：現在）
三年前的公司 ●營業額：120 億日圓、利潤：5 億日圓 ●員工人數：350 人 ●事業內容：零件製造	**現在的公司** ●營業額：170 億日圓、利潤：25 億日圓 ●員工人數：500 人 ●事業內容：組裝、零件製造

比較現在和將來

Before（前：現在）	After（後：將來）
現在的公司 ●營業額：170 億日圓、利潤：25 億日圓 ●員工人數：500 人 ●事業內容：組裝、零件製造	**三年後的公司目標** ●營業額：250 億日圓、利潤：50 億日圓 ●員工人數：600 人 ●事業內容：製造商、直銷事業

判斷　　過濾器（經驗、先入為主的觀念）　　**判斷**

事實

讓自己具備「觀察力」吧！

觀察力是	●看見事實本身的能力。 ●可以區別事實與個人判斷的能力。

●只要是事實，你可以充滿自信地拿來作為說服他人的材料。

●個人判斷如果沒有事實支撐，就會缺乏說服力。

32

難以傳達的四個原因

缺少／遺漏、專業術語／縮寫、
原因不明的解決方案

●留意話中的缺少／遺漏

即使對自己來說是一件有邏輯的事情，聽眾也可能摸不著頭緒，這種狀況經常發生。說明自己的思考過程時，如果內容有缺漏，對聽眾來說等於沒有條理，容易產生「為什麼會變成這樣？」的疑問。在這種狀況下，聽眾就會對你提出的主張產生異樣的感覺。

我曾經聽過這樣的一句話：「不知道天才的腦子裡都在想什麼。」如果無法說明自己的思考過程是如何連結到主張，就會給人不知道你在想什麼的印象。另外，也有人說「天才和笨蛋是一體兩面」。如果希望他人能夠了解你想要傳達的內容，請務必留意陳述當中是否有缺少／遺漏的狀況。

●分析現狀、探究原因之後，找出解決對策

為了解決眼前的困擾，在思考解決對策之前，事先探究原因，確認為什麼會發生這樣的問題，是比較有效的做法。例如，針對「A商品滯銷」這個問題，如果不先探究原因就開始思考解決對

140

在沒有掌握現狀的狀態下提出解決對策，
無法說服相關人士

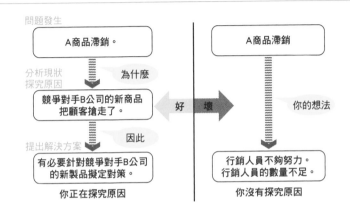

主詞曖昧或誤認主詞時，請確實確認

【問題】主詞曖昧。

【對策】不要使用指示詞。

　　●禁止使用「那是」、「這是」、「這個」、「你那是」。

　　●請使用具體的主詞。

【問題】誤認主詞。

　　●A的主詞是三溫暖的溫度。

　　●B的主詞是浴池的溫度。

【對策】明確說出主詞。

策，則可能偏移目標，付出不必要的努力。結果可能只想得到「行銷人員不夠努力」、「不得不增加行銷人員的數量」這種敷衍了事的改善對策。

那麼，針對A商品滯銷的問題，如果確實去探究為什麼滯銷的原因，又會如何呢？根據調查結果，發現「競爭對手B公司的新商品把顧客搶走了」才是問題主因。如此一來，就不只是行銷人員的問題了。你可能會發現公司必須採取一些其他對策，例如：投入新商品的開發。

為了充實發想內容，靈光一閃的想法在某些時候也扮演著重要角色。然而，偶然的靈光一閃有其極限，如果不去分析現狀也不探究原因，單靠一個想法，也無法找出解決目標問題的對策。

●遇到專業術語或縮寫時，請輔助說明

如果說的話無法跟對方溝通，有可能是因為主詞的缺漏，導致內容沒有正確傳達。例如，聽到「那件事情」的時候，有可能發生聽者根本不知道那件事情到底是哪件事情的狀況。抽象的主詞、缺漏的主詞，都會導致聽眾無法正確接收你要傳達的訊息。

這是發生在某家公司的真實事件。一位員工接到一通未表明身分的來電，當他詢問：「請問您是哪位？」時，卻被對方大聲斥責：「你連自己公司董事長的聲音都聽不出來嗎！」董事長因為位居高位，可能認為所有人都應該認得出他的聲音，然而因為是電話

的關係，最好還是先表明身分比較妥當。

　　生難字詞，也可能是令人難以理解的原因之一，請各位務必留意。**專業術語和英文縮寫**是生難字詞的代表。遇到專業術語時，可以用母語換句話說，或是加入解說來提高聽眾的理解程度。例如，「合規經營（compliance），指的是遵守法規的經營模式，以遵守法律、健全經營為目標」。只要加入類似的解說，即使對方不是專業人士，也可以很容易地彼此溝通。

　　另外，提到英文縮寫時，也請加入解說。例如，提到SCM的時候，請同時告知對方完整的用語，也就是「供應鏈管理」（supply chain management）。如果遇到告知完整用語仍難以理解的狀況，為對方追加解說「SCM指的是……」這樣的方式會更容易理解。

提到專業術語和英文縮寫時，請明確說明該詞彙的含意

　　●提到專業術語和英文縮寫時，請加入解說。
　　●事先確認聽眾的知識水準。

33

透過圖解組合而成的
歸納發想法

把要表達的內容寫在A3紙上並整理思緒

●手是第二個大腦，一邊寫、一邊思考

你想說什麼？想表達什麼？歸根究柢想傳達的是什麼？有時候，我們很難在腦中妥善整理這些想法。這個時候建議各位可以拿一張A3大小的白紙，把腦中的想法邊想邊寫下來，並且持續思考。

有人說手是第二個大腦。透過書寫，可以幫助你建立並循環「觀察」→「思考」→「書寫」的思考迴路。

寫下靈光乍現時的想法吧。靈光一閃通常只是一瞬間的事情，很容易忘記。有人說，愈棒的靈感忘得愈快，寫下靈光乍現時的想法，可以將「眼睛看」到「大腦思考」這個思考迴路連結起來，並且使之得以循環下去。**書寫這個動作，具有「集中力＋補充記憶＋促進發想」的效果。**

書寫方式請留意「寫下來的文章愈短愈好」，也可以用寫下關鍵字（會成為關鍵的詞彙）的方式持續不斷地書寫。另外，把關鍵字圈起來，或是把有關係的關鍵字用箭頭連結起來，可以視覺化（眼睛可見）關鍵字之間的相互關係。這麼一來，就能逐漸讓想法

144

持續寫下你的靈感

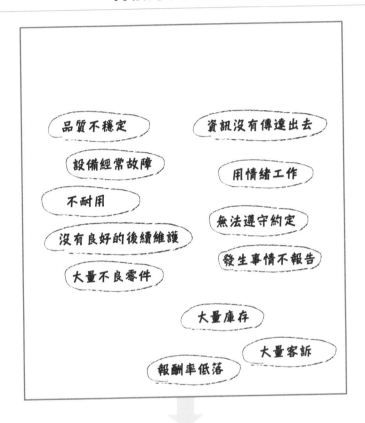

把腦裡的想法寫下來並進行整理。
發現自己想要表達的重點是什麼。

只留下具有說服力的必要情報。
捨棄在邏輯上自相矛盾的想法。

變得清晰可見。

●透過自由發想，以圖解的方式書寫並思考

什麼都好，想到什麼就馬上寫下來吧！如果擔心寫錯，或是腦中明明有想法卻想著「算了」、「不寫了」，會變得什麼都寫不出來。透過自由發想，把想法源源不絕地寫下來吧！

為了拓展發想，必須準備一個橡皮擦。「覺得不對勁，擦掉就好了」，帶著這種輕鬆的心情，持續書寫就對了。如果是不習慣一邊寫一邊想的人，建議不要用原子筆，改用可以用橡皮擦擦掉的鉛筆來寫。一旦習慣後，即使用原子筆寫，也不會太過在意。寫錯了，只要畫線槓掉就好。

雖說目的是擴大發想，但是「應該從哪個方向去想？」，仍然需要一個明確的主題。例如，針對公司的問題點去思考，還是思考新商品的方向？在紙張上方寫上大大的主題，也是一個不錯的方式。

●捨棄不需要的資訊，統整邏輯敘事

把想到的東西全部寫下來，接著運用箭頭連結各個要素，或是把關鍵字圈起來。透過這些動作，慢慢統整腦中的想法。在腦海裡思考事情時，大多是各式各樣的思考碎片，往往容易忽略整體狀況，無法綜觀全局。透過書寫，就能將這些思考碎片或是靈光一閃的想法漸漸串聯起來。

當你已經在腦中整合想法之後，也可以試著將不需要的情報捨棄。為了發展你的邏輯敘事，捨棄多餘的情報，可以簡化整體敘事，令人感到耳目一新。當你無法妥善統整想法時，請記得「手是第二個大腦」，試著一邊寫下想法，一邊繼續思考看看。

把想到的關鍵字圈起來，可以使要素彼此間的相互關係視覺化

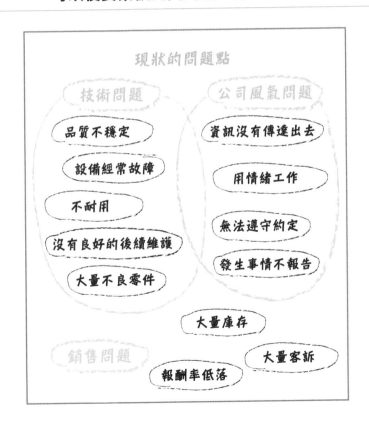

34

建構骨幹並添加枝葉的演繹發想法

從建構敘事到蒐集理論依據和數據資料

●明確釐清「歸根究柢想說的是什麼？」

開始表達的時候，最重要的一件事，就是在腦海裡先整理好自己的主張，也就是「歸根究柢想說的是什麼？」。

運用三角邏輯，可以明確傳達「主張」、「理論依據」以及「數據資料」這三者的關係，可以使主張變得更有說服力。如果在主張不明的狀況下表達，就會淪為「理論依據」和「數據資料」的堆砌，難以傳達「歸根究柢想說的是什麼？」。

另一方面，如果缺少的是明確的「理論依據」和「數據資料」，只是一味強調主張的話，就會給人「為什麼是這樣？」、「牽強」、「硬要別人接受」、「性急」或「不知道在講什麼」的印象。

與其想得太複雜，單純明快地表達會更容易理解。你想說什麼呢？發出聲音，透過簡單的語言表達出來吧！**你的主張是什麼？試著發出聲音，開口說出來**。例如，公司給你五分鐘的時間做簡報，傳達的重點是這次的簡報你想傳達什麼？試著用簡單的語言說

歸根究柢想說什麼？明確釐清你的主張吧！

（主張或提案）
試著運用QCD來評價自己的工作績效

Q（品質）
工作的完成品質

C（成本）
是否以低廉的成本
完成任務

D（交付）
是否遵守交貨期

顧客需求
規格
品質目標
零失誤
正確性
安全性等

費用、銷售額
利潤（銷售額－費用）
效率
人事費、外包費
原料費、各項雜支開銷

交貨期
時間表
提早交貨期
重視速度

說服敘事流程實例

開場白（數位家電、平板電視的高人氣）

主張（推薦在網路選購）

理論依據的概要（3個）

針對理論依據1、理論依據2、理論依據3進行詳細說明

以主張來總結（推薦在網路選購）

出來。如果說不出來，有可能是還沒有釐清自己的想法。

●建構邏輯敘事的骨幹

　　首先，你想說的是什麼？請明確提出你的主張。只要主張夠明確，應該就能透過簡單的語言來表達主張。若無法簡單明瞭地表達主張，恐怕連你自己都還沒有整理好要說的是什麼。此時，為了讓別人接受你的主張，試著用條列方式，整理出三個左右的理論依據吧。

　　例如，可以試著發出聲音這麼說說看：「我試著從QCD三個視角來評價自己的工作績效。QCD的Q指的是品質，C指的是成本，D指的則是交貨時期。第一個Q看的是工作完成的品質，第二個C是檢視自己是否能用低廉的成本完成任務，第三個D則為是否能遵守交貨期，透過這幾個指標進行評估。」如果只是發出聲音說出來可能會忘記，建議各位可以同時寫在紙上。

●針對主張蒐集必要的說服材料（數據資料、理論依據）

　　在開口表達、書寫文章之前，建議各位先用圖解的方式，寫下要用來說服他人的敘事流程。舉例來說，在準備一個具說服力的敘事流程時，將主張配置於最上層，並嚴選三個左右的理論依據，用以支持你的主張。然後必須舉出事實或實例來支持你的理論依據。

　　在下圖當中，透過「當決定要買家電時，推薦在網路上選購」這個主張來統整敘事流程。為什麼在網路上選購更方便？作為理論依據，可以舉出「比價更為容易」等要素。

　　另外，如果事先準備開場用的話題，藉此圓滑地進入主張，就能自然地將話題帶到想要傳達的內容。

表達前，試著思考說服敘事流程

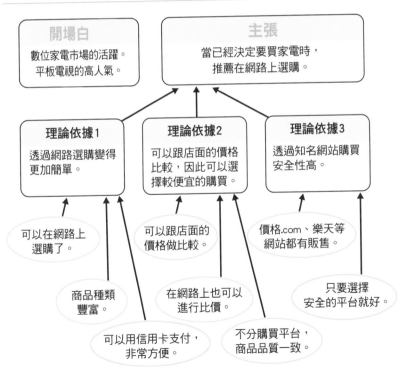

35

運用金字塔結構整理敘事結構

將傳達內容簡化為三個重點

●重點統整為三個左右，最容易理解

如果一次接收太多訊息，腦袋會呈現混亂狀態，無法記住所有聽到的資訊。據說人類記憶力的極限，一次能掌握的資訊量大約是七個左右。這就是所謂的神奇數字：7±2。

然而就現實狀況來說，要同時記憶並思考七個訊息，是非常困難的一件事情。因此建議一個對記憶力最沒有負擔的數字，以能夠記住並思考為主，也就是大概三個左右的情報數量。例如，牛丼專賣店吉野家的廣告標語，即為「好吃、便宜、快速」。另外，明治時期的基礎學問則被認為是「讀‧寫‧算」。**三個左右的訊息，對人類來說更好記。**

說話時，如果想要把談話總結為較容易理解的內容，有意識地傳達三個左右的資訊，可以讓他人更容易理解。而金字塔結構（金字塔構成法）就是當你需要說服他人時，使用起來相當方便的一種方法。不管是進行口頭表達還是書寫文章，都可以運用這個方法。

運用金字塔結構（金字塔構成法）做簡報

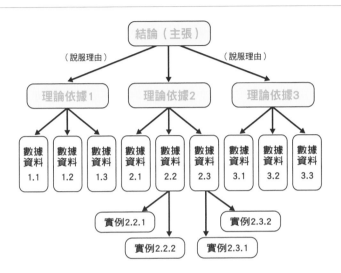

●金字塔結構與三角邏輯

　　三角邏輯，也就是邏輯的基礎，可以使「主張」（結論）、「理論依據」和「數據資料」這三個構成要素更加明確。而金字塔結構，則能幫助我們明確顯示出三角邏輯當中，三個構成要素從上到下的階層結構。

　　金字塔結構的最上層，請配置你的主張（也是結論）。首先必須釐清「歸根究柢想說的是什麼？」，試著統整出一個想說服他人的主張和結論。

　　金字塔結構的第二層則配置你的理論依據。「我主張○○。主要有三個原因，第一個原因是～」，用這樣的方式，清楚說明三個說

服理由。如果對方的反應是「原來如此！」，你的第一步就成功了。

提出三個理論依據之後，**在金字塔結構的第三層，針對每個理論依據，舉出三個左右的數據資料或具體實例並詳細解說**。「關於提出的三個理由，首先針對第一個理由，我可以追加提出三個數據和事實」，用類似這樣的方式，按照順序一一詳細解說數據和實例，以證明你的理論依據為真。

●運用金字塔結構準備演說

接下來，一起試著運用金字塔結構，來準備三分鐘左右的演說吧！可以試著思考這個範例主題：在過去的結婚典禮當中必備的「三個袋子」（右頁下圖）。一開始不要突然進入正題，為了自然地進入這個話題，建議先從一個前導話題開始說起。

「今天真是一個黃道吉日」，是人們經常使用的開場白。在這句話之後，提出你的主張，即為「祝你們永浴愛河」。如果只有這樣，無法充分傳達你的誠意，因此作為幸福的理論依據，向大家介紹三個袋子的說法：「人生有三個袋子。第一個是～」大致介紹了三個袋子之後，再針對這三個袋子，一個一個詳細說明。例如：「首先是第一個袋子，父母親是最重要的，面對父母，我們一直帶著感謝的心情。為了傳達這份感謝，請盡快讓母親抱孫，這是感謝的集大成。」偶爾加入一些「例如」這類型的具體例子，或是講述自身的經驗，就可以讓他人更容易理解。最後，再次回到三個袋子，並且將之總結歸納到你的主張當中。

金字塔結構的說話順序

開場白（自然地進入話題）

↓

表明主張

↓

敘述三個左右的理論依據

↓

透過數據資料使理論依據具備說服力

↓

根據需求加入實際例子

↓

再度提示理論依據以確認主張

【主張】

三角
邏輯

【數據資料】　【理論依據】

運用金字塔結構準備三分鐘的演說

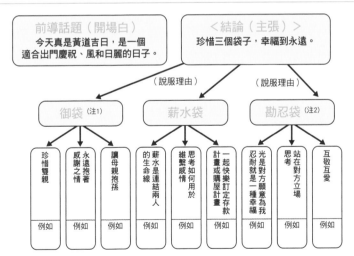

前導話題（開場白）
今天真是黃道吉日，是一個
適合出門慶祝、風和日麗的日子。

＜結論（主張）＞
珍惜三個袋子，幸福到永遠。

（說服理由）　　　　（說服理由）

御袋 (注1)　　　薪水袋　　　勘忍袋 (注2)

珍惜雙親｜永遠抱著感謝之情｜讓母親抱孫｜薪水是連結兩人的生命線｜思考如何用於維繫感情｜一起計畫或購屋計畫快樂訂定存款｜忍耐就是對方願意為我光是一種幸福｜思考站在對方立場｜互敬互愛

例如（各欄）

注1：「御袋」是母親的意思。
注2：「勘忍袋」是指「忍耐」。

36

撰寫企劃和報告時，
可以運用的雛型

八個要點區塊，提升你的提案力

● 企劃書可以分為八個區塊

有時候即使腦中有很多想法，想將這些想法製作為企劃書，也不知道要怎麼整理成形。此時，只要將企劃書的雛型融會貫通，往後就能更輕鬆地完成企劃書。

企劃書的內容，大致可以分成八個大區塊。**第一個區塊是開場白**，這個區塊最重要的任務，是引起觀眾的興趣，讓他們留下期待後續的印象。**第二個區塊是提出問題**，必須明確讓觀眾了解，為什麼這個主題有其必要性，讓他們覺得「原來如此，我們必須做點什麼」，這就是提出問題這個區塊的目的。

第三個區塊是設定主題，這個區塊的目的，是明確指出目的和實施對象的範圍。另外，也可以在這邊說明你的概念，例如：為了達成目的，將採取什麼樣的基本方針。**第四個區塊**，則是統整事先調查而來的資訊，並進行**現況分析**。在這個區塊當中，如果有任何不需要的情報可以直接捨去。

第五個區塊是提出企劃案，我們該如何具體達成目標？達成

運用「企劃書」的雛型

區塊	目次項目範例	備考
1 開場白	●封面 ●前言 ●目次	企劃書的門面。 寫下能夠引發興趣的內容。 便於掌握整體樣貌。
2 提出問題	●背景 ●認識現狀	追根究柢為什麼需要這份企劃？ 了解現狀的問題點。
3 設定主題	●目的 ●希望達成的目標 ●實施對象範圍 ●前提條件	揭露目標。 進一步具體描述目標。 確認實施對象的範圍。 確認必要的前提條件。
4 分析現狀	●現狀調查數據資料 ●現狀的問題點	附加調查情報。 明確指出現狀的問題點。
5 提出企劃案	●企劃的基本方針 ●企劃的整體樣貌 ●企劃的詳細內容	明確提出解決方案的基本方針。 提出解決方案的整體樣貌。 提出解決方案的詳細內容。
6 評價企劃案	●預估效果 ●預算（費用） ●投資報酬率	能夠獲得百分之百的效果嗎？ 需要花費多少預算？ 投資報酬率高嗎？
7 實行計畫	●工作計畫 ●時間表 ●推動企劃的體制 ●分配職責 ●發展計畫需留意的重點	確立工作內容。 確立時間表。 確立體制流程。 確立職責如何分配。 明確記錄需留意的重點。
8 附加情報	●參考資料	根據需求附加參考資料。

以後將如何改變現狀？在這個區塊當中，請明確闡述企劃內容。在撰寫企劃書時，必須闡明透過這個企劃，你想實現什麼、如何改變現況。這個區塊也是能最大程度強調企劃魅力的部分。**第六個區塊是評價企劃案**，在這個部分，請明確告知實施企劃案後可預估的效果、預算以及投資報酬率等。

第七個是**實行計畫區塊**，在這裡請明確告知如何實現企劃，例如工作計畫、時間表等。最後，**第八個區塊是附加情報**，如果有任何可供參考的附加資料，請附加在此處。

撰寫企劃書時，建議各位跟著上述的企劃書雛型來書寫。如果能運用雛型來書寫企劃書，就能在腦中好好整理你的想法，並確認目前的想法能夠運用在哪些方面。因此，也能更容易地組織有邏輯、同時具有說服力的論點。

●撰寫報告書並完成簡報

一旦企劃書獲得批准，確保了預算和人力之後，就能開始執行。執行完成後，將所有內容確實地整理到報告書當中。

報告書也一樣，大致能分為八大區塊。**第一個區塊是開場白**，內含封面、前言和目次。**第二個區塊是確認主題**，請明確提出企劃背景、目的、希望達成的目標以及實施對象的範圍。

第三個區塊是活動概要，報告這次執行的一連串活動時間表、推動企劃的體制以及活動預算等資訊。**第四個區塊是執行活動**

之前的**現狀調查**，執行企劃前，透過說明現況的問題點以及狀況的惡劣程度，就能在接下來說明為何需要解決對策、什麼樣的解決對策較好時，提供一個比較的基準。**第五個區塊是提出解決對策**，說明此次活動當中執行的解決對策，以及實際執行之後的狀況等。**第六個區塊是活動成果**，明確評價這個解決對策的成果到達什麼程度？投資報酬率如何？**第七個區塊是未來發展**，確立未來的推動計畫，並且明確指出推動時可能遭遇的課題。**第八個區塊是附加情報**，根據需求，附加參考資料。

　　完成企劃書之後，就是簡報了。由於完成的企劃書完成度相當高，你能帶著自信、抬頭挺胸地進行簡報。

執行企劃之後，撰寫報告書並進行簡報

書寫企劃書目次

↓

完成企劃書

↓

簡報

↓

企劃書獲得批准

↓

開始執行

37

掌握全腦模型中的
四個思維模式

活用人類的思維模式分類

●為什麼你會跟別人合不來？

　　直覺來說，你有幾個討厭的人？身邊是否存在著只要靠近就會使你感到厭惡的人？如果身邊有三、四個這樣的人，請不用太擔心。因為我們都是人，只要是人，當然會有討厭的人。

　　假如有一個你很討厭的人，他因為人事異動或搬家等原因，消失在你的視線之中，然而，還是會有其他討厭的人出現在你的周遭。並且，本來只有一點點討厭的人，你也可能變得非常討厭他。總會有一個或更多你非常討厭的人存在於你的周遭。

　　對人際關係感到疲乏的你，為什麼不試著改變過去的看法呢？這將可能改變你的人際關係，讓你變得更輕鬆自在。因為煩惱，所以為人。這正是我們活著的證明。因為有厭惡的情緒，證明了你是一個情感豐富的人。不知道是幸還是不幸，當你想著對方很討人厭的時候，對方其實也一樣討厭你。

　　那麼，為什麼我們會有喜歡和討厭的人呢？這是一個潛藏在腦中的祕密。人類的腦總共有四種思維模式。同一種思維模式的

全腦模型：人類的四種思考模式

優先順序與行為特徵

- 以事實和邏輯為最優先
- 公事公辦、務實
- 分析事物、量化事物
- 現實的
- 批判的
- 對金錢敏感
- 了解因果關係
- Why（為什麼？）思考
- 口頭禪：有什麼好處嗎？

優先順序與行為特徵

- 以想像與滿足好奇為最優先
- 調皮鬼、搗蛋鬼
- 好奇心旺盛、喜歡驚喜
- 自由奔放、沒有防備心、衝動派
- 直覺的、統合的、合成的
- 喜歡猜測、喜歡冒險
- 面向未來、不杞人憂天
- What（目的）思考
- 口頭禪：總會有辦法的

左腦
（大腦新皮層　左半邊）

右腦
（大腦新皮層　右半邊）

A型
理智型
①

D型
空想型
④

B型
組織型
②

C型
交流型
③

邊緣系統　左
（哺乳類的腦　左半邊）

邊緣系統　右
（哺乳類的腦　右半邊）

優先順序與行為特徵

- 以計畫與秩序為最優先
- 奉體制為圭臬，頑固
- 保守的
- 決定步驟、組織程序
- 行動確實、值得信賴
- 守時
- 有計畫的、詳細的
- How（方法、做法）思考
- 口頭禪：這沒有先例、違反規定

優先順序與行為特徵

- 以人際關係為最優先
- 感情用事、情感豐沛，心軟易感
- 重視人際關係、輔助他人
- 包容力、溫柔的
- 能同理他人的感受
- 接觸各式各樣的事物
- 易於理解的表達、健談
- Who（是誰？）思考
- 口頭禪：我喜歡／討厭那個人

人，通常會成為和你並肩作戰的搭檔；但如果是思維模式和你不同的人，你們就會總是不對盤。即使是你討厭的那個對象，他也跟你一樣，擁有跟他合得來的朋友。

●人的思維模式分為四種類型

為了引起對方的興趣，透過「全腦模型」裡的四個思維模式來分類他人相當有效。和對方聊天時，試著思考對方可以被分類在哪一種思維模式。全腦模型是美國奇異家電（GE）管理發展中心的原負責人奈德・赫曼（Ned Herrmann）博士，以神經生理學為基礎，將人類的思維模式分類而建立的理論。

人類的思考腦，也就是神經元網絡分佈的位置共有四個。其中兩個地方存在於人腦新皮層的左右兩側，也就是一般所說的左腦和右腦。剩下兩個則存在於古皮層，也就是哺乳類腦中的邊緣系統左右兩側（大腦形成於邊緣系統的平台之上）。

人類動腦思考時，會優先使用四個位置當中一個以上的位置。優先使用哪一個位置的腦，則是因人而異。一六一頁的圖片，即為「全腦模型的四個分類」，並依此命名：優先使用左腦的人是A型，優先使用邊緣系統左邊的人是B型，優先使用邊緣系統右邊的人是C型，優先使用右腦的人則為D型。

全腦模型是捕捉人類思維習慣的一種理論。A型的人由於習慣優先使用左腦，因此會以邏輯思考為優先。另一方面，C型的人則

是習慣以感情為依歸。也有人具備兩個以上的特質，例如有人是
AB型，那麼他同時擁有邏輯優先和組織優先這兩個思維模式。

　　全腦模型顯示出人類思考的習慣。一個人的思考習慣，長時
間來看可能產生變化，但是短時間內幾乎不可能改變。因此，若試
著推測聊天對象是什麼類型的人，或是哪些類型的組合，就能掌握
對方的思維模式以及思考喜好。只要順著對方的思維模式說話，能
夠使你們的談話更有互動、溝通更良好。舉例來說，如果對方是A
型，可以跟對方談論邏輯理論，對方一定會覺得你的話非常好懂。
順帶一提，聽說塔摩利先生能夠準確運用A、B、C、D所有類型的
思維模式。

38

運用水平思考、分組、分解構成要素來探索話題

針對話題，拓展、組織並深入挖掘

●運用水平思考的說話方式

面對眼前的話題或對象，我們習慣向下挖掘，深入思考。舉例來說，當人們談論「公寓」這個話題時，我們會問「空間大嗎？地點？房子有鋪磁磚嗎？」，希望對公寓有更深入的了解。這種垂直思考的思維模式，雖然能有效深入探索眼前的話題，卻會讓視野變得狹隘。

當聽到公寓這個詞彙時，運用水平思考詢問「沒有其他選擇嗎？」、「從相反的角度來看？」等問題，可以幫助我們拓展話題。例如，提到「公寓」，集合住宅的相反是獨棟建築，鋼筋的相反則是木造。另外，也可以從不同角度來看待這件事情，例如：租屋，還是購買房屋的所有權（分割出售）。以右頁上方的圖片為例，透過思考「其他選擇」或從「相反」的角度看事情，能夠擴大我們的視野。

垂直思考容易使我們陷入偏頗，一味地往好處或壞處去想。為了防止談話偏向單一方向，**同時提出正面要素和反面要素，也是一個掌握整體平衡的好方法。**

透過水平思考拓展話題

●水平思考的訣竅：朝著「在這之外」和「相反」方向去思考。

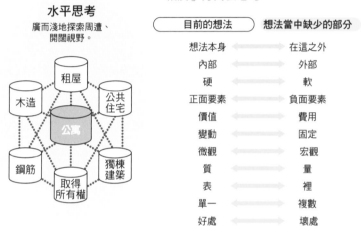

水平思考
廣而淺地探索周遭、開闊視野。

目前的想法	想法當中缺少的部分
想法本身	在這之外
內部	外部
硬	軟
正面要素	負面要素
價值	費用
變動	固定
微觀	宏觀
質	量
表	裡
單一	複數
好處	壞處

藉由分組拓展話題

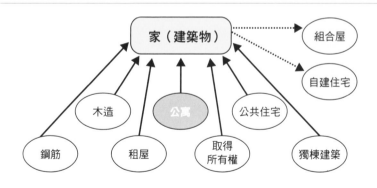

●把幾個關鍵字歸類到同一個類別當中（分組）。
●分組之後，就會發現是不是有其他遺漏的部分。

廣而淺地探索周遭整體來拓展視野的思維模式，稱為「水平思考」。話題延續不下去的時候，試著用水平思考來開拓話題吧。視野變得寬廣之後，就不用擔心找不到話題了。

●運用分組的說話方式

透過水平思考拓展話題之後，將話題分組（將類似內容統整在一起）可以有效整理情報。

舉例來說，如果綜觀「公寓」這個主題水平展開之後的所有關鍵字，會發現所有關鍵字都可以被分類到「家」這個集合體當中。在家這個類別當中，是不是還有其他遺漏部分？試著思考看看吧。這麼一來，應該就會注意到還有其他選項，例如組合屋、自建住宅等。當要拓展話題時，試著思考如何分組，然後在同一個組別裡，找找看是否還有遺漏部分。

如果想要更加延伸話題，可以思考除了「家」以外，還有什麼其他的建築形式。這麼一來，浮現在腦中的就不只侷限於個人居住的家，還會想到辦公大樓、公共設施等各種用途的建築物。如果想要繼續發展這個話題，也可以將話題拓展到街道，或是延伸到市、町、村等更大的範圍。

話題一旦延伸到這個地步，可能會有人覺得話題延伸得太廣泛了。因此**最重要的關鍵，在於找話題的訣竅。當你學會了這些技巧，就不用擔心找不到話聊。**

●分解構成要素並深入思考

　　找話題最常見的方式是「分析」，**透過分解構成要素，可以更詳細、深入挖掘話題本身**。所謂分析，即為「分開」、「解析」的意思。透過把構成要素一個一個分開來，就能自然地解析該話題。例如，當分析「公寓」的時候，會把它分解為玄關、客廳、廚房、書房、浴室等。

　　運用水平思考、分組和分析，一起學習拓展話題的技巧吧！你可以挖掘出源源不絕的話題。

分解構成要素，深入挖掘話題

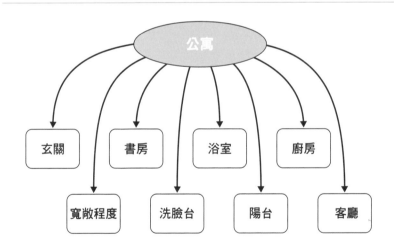

●分析指的是分解構成要素並解析它。
●在特定範圍之內，分解構成要素可以使話題更加深入。

★運用水平思考、分組、分析等技巧來拓展你的話題！

39

透過反問法
掌握對方感興趣的部分

線索就藏在聽到的話當中

●如果對方有興趣，他們就會認真傾聽

該怎麼做才能提升表達能力？首先，如果對方並沒有打開耳朵傾聽，你的話就無法傳達。因此**必須考慮到一件事情，就是如何引起對方的興趣**。舉例來說，在話題的選擇上，可以選擇有趣的故事，或是對他們有幫助的話題，也可以選擇對方可能有興趣的領域。

如果想知道什麼樣的話題符合對方的期待，必須在聊天當中觀察他拋出什麼樣的話題。例如，聽到對方說「你拿了一個很棒的包包！」時，立刻觀察對方的包包。這麼一來，你會發現拋出這個話題的對象，他正拿著一個新購入的包包。如果能聽到什麼就反問什麼（如果要為這個方法命名，那就是反問法），就能解讀出對方希望你問他什麼。

這種反問法的思維模式，經常可以在宴會等場合當中，觀察到類似的運用。會在宴會當中為別人倒酒的人，大部分也希望別人為自己倒酒。大部分為他人倒酒的人，自己酒杯中的酒通常都不到半分滿。但是如果對方不瞭解他們的心情，沒有幫他們倒酒的話，

找到對方有興趣的話題，就能愈聊愈起勁

你買了哪一支股票？

最近，我買了一些股票。

股票

● 如果只想著自己要說什麼，話題很快就枯竭了。
● 想想看，對方對什麼有興趣？

關鍵是簡單明快、清晰易懂

總而言之就是○○。

● 「總而言之就是○○」，在腦中確認要說什麼再說出口。
● 運用「舉例來說」提出實例，可以補足想傳達的重點。
● 請確保實例和你要傳達的重點具有一致性。

那麼他們就會感到相當寂寞。如同他人為你做了什麼之後，你會想回報他一樣，談話時，對方詢問你什麼樣的問題，你也回問他類似的疑問，也是滿足對方興趣的一種方法。

●關鍵是簡單明快、清晰易懂

把話說得好懂也有助於提升表達能力。有一些方法可以讓你的話變得更清楚好懂，例如：先在腦中確認「總而言之就是○○」、準確地說出關鍵字、適度地在話中加入實例，或是講話直截了當不繞圈子……等等。

首先，如果希望自己說的話清楚好懂，請先想好「總而言之就是○○」，在腦中確認要說什麼再說出口。此外，**使用「舉例來說」來分享實際案例，不僅可以達到補充說明的效果，也能提高聽眾對話題內容的了解程度。**

Simple is best，簡單明快才是王道，這句話請務必銘記在心。與其解釋東解釋西，讓人聽不懂你要表達什麼，精確表達「總而言之你想說什麼」，是把話說得好懂的第一步。

●盡量消除對方的疑問

在發表簡報這類型的場合時，聽眾只能在有限的機會當中提出疑問。因為在簡報過程當中提問，會打擾到其他參與者。為了減少聽眾的疑問並提高理解程度，簡報時，**你的表達必須能夠確實消**

除聽眾的疑惑。例如，困難的專業術語、在邏輯上自相矛盾、思路太過跳躍、數據不一致等等，都是讓人滿腹疑問的代表案例。因此說話的時候，請務必留意聽眾的反應，他們是否流露出疑惑的神情？另外，也可以在簡報告一個段落的時間點加入QA時間，例如休息時間等。

在一場長時間的簡報當中，聽眾往往是被動的，一直聽別人說話，可能造成精神不集中的狀況。因此，適度刺激聽眾也是一個不錯的方法。例如：「各位對這件事情有什麼看法？○○先生／小姐，可以說說你的看法嗎？」像這樣對聽眾提問，可以讓他們有發言的機會。當聽眾不確定自己是否可能會被點到發言時，就能讓他們保持適當的緊張程度，更加認真地聆聽你的簡報內容。

只要解決對方的問題，他們就會認真聆聽

40

營造雙贏的關係
是談話技巧的基礎

用剛剛好的音量積極提議

●用腹部發聲，像是要把聲音往前推一般洪亮

如果目標是成為一個健談的人，那麼說話時，注重音量大小、聲音亮度是極為重要的事。如果聲音讓人聽不清楚，或是聽起來很陰暗，對方就不會想要繼續聽你說話。表達的時候，試著調整為讓人能夠輕鬆聆聽的音量再說吧！

自信可以藉由聲音表現。較大的音量以及開朗的聲音，可以讓人感覺你充滿自信，在贏得聽眾信賴這一點上非常重要。很多搞笑藝人都靠大聲說話來彰顯自己的存在感。即使發言的內容相同，音量的大小也是觀眾會不會笑出聲的因素。

特別是在企劃會議或是匯報的場合時，音量是否適中、聲音夠不夠亮，跟你的提案內容一樣，都是他人評估的對象。如果在簡報時表現得沒有什麼自信，聽報告的人也會覺得「如果他自己都沒自信，我也無法安心把這件事情交給他」。試著用便於聆聽的音量，並且用稍大一些的聲音強調語尾，這麼做可以讓聽眾感覺你似乎充滿自信。

透過大聲說話來表現自信

● 大聲說話,從腹腔底部發聲!
● 很多搞笑藝人都靠大聲說話來彰顯自己的存在感。

提出可以創造雙贏關係的解決方案

● 提出解決問題的方案。
● 強調對方可以取得的利益。

●提出能創造雙贏關係的方案

每次交涉時，如果能意識到雙方的雙贏關係（彼此都是贏家的關係、彼此都有利的關係），並藉此提出交換條件或雙贏的方案，可以提高交涉的成功率。如果無法創造雙贏，就很難長期維持雙方的良好關係。

對對方來說、對自己來說雙方都有利的重點是什麼？關鍵在於明確指出這一點，並且取得雙方共識。只有其中一方得利這種利益偏向一方的交涉條件，很難取得成功。另外，在交易當中即使你是較強勢的一方，強迫對方接受你的條件，接下來也有可能因為對方不再領情，而讓合作對象白白溜走。正因為雙贏關係對彼此都有利，才能自然長久地維持下去。而雙贏關係的最高境界，正是「Win-Win or No Deal」（雙贏或不交易）。

如果雙方無法達成雙贏，那麼這件事就當作沒有發生吧，彼此都沒有埋怨。今後如果有能夠兩全其美的方法，大家再坐下來談，這句話有著這樣的意思。雙方都沒有埋怨的平手局面，是合作關係得以持續的關鍵。

●避開黑暗話題，不嚼他人舌根

避開黑暗的話題是比較安全的做法。**黑暗的話題沒有建設性，**例如社會上的不幸事件、殺人、火災或人禍等災難相關的話題，只是茶餘飯後打發時間的閒聊而已。讓人沮喪的話題、討論也解決不

了的話題、悲觀的感想或藉口等，這些都是消極的黑暗話題。

另外，不嚼他人舌根就不會出錯。只要一說別人的壞話，就會為自己樹立不必要的敵人。只要是人，都喜歡對自己抱持善意的人，同時也對討厭自己的人抱持著厭惡感。

如果希望增加更多的夥伴，帶著善意與更多的人接觸互動，是比較有利的做法。在背後說別人的壞話是最糟糕的行為。這是因為你的話一旦傳到當事者的耳中，他就會發自內心地討厭你。相反地，在背後稱讚別人的人，身邊的伙伴就會自然而然地增加。說別人的壞話會破壞自己的品格，同時也會失去周遭人的信賴，有時候甚至會樹立敵人。

不談黑暗的話題、不說別人的壞話，就不會出錯

- 不幸的事件
- 殺人
- 火災
- 人禍
- 讓人沮喪的話題
- 討論也解決不了的話題
- 悲觀的感想
- 藉口

- 批評或說對方的壞話
- 批評或說第三者的壞話
- 批評或說主管的壞話
- 排擠他人的行為
- 無法跟別人打成一片
- 合理化自己的異常行為

> 在背後說的壞話一旦暴露，人際關係就永遠無法修復了。

> 若是在背後稱讚他人，身邊的伙伴就會自然而然地增加。

41

讓對方參與決策

不厭其煩的「報告‧聯絡‧商量」是順利通過企劃
的祕訣

● 讓對方參與決策，可以提高對方的認同感

突然把一本厚厚的企劃書丟到對方眼前，然後跟他說「請做出決定」，只會讓人感到錯愕，無法乾脆地同意你的任何提案。**為了加深他人的認同感，你的提案反映出多少決策者的意見，比起提案本身的完成度更加重要。**

如果在最終決策之前，曾經針對提案內容跟對方討論過一次以上，那麼在最終決策時，對方就會成為你的盟友。舉例來說，書寫企劃書時，可以事先和決策者針對企劃的目的和架構進行討論。

只要跟對方說「我想順著這個方向繼續思考，您覺得如何？請讓我知道您的意見，愈詳細愈好」，他應該會覺得你「問得好」吧。只要企劃書能反映出決策者的意見，企劃就能順利獲得批准。

● 重視「報告‧聯絡‧商量」

面對主管，「報告‧聯絡‧商量」是不可缺少的功夫。人們在資訊不足的狀況下，容易加深不信任感。「A先生最近都沒有向

讓對方參與決策，可以提高對方的認同感

前陣子跟你商量的那件事情，可以開始執行了嗎？

好啊。

那個案子可以開始執行了嗎？

什麼時候決定的？不行！

好 　 壞

● 在最終決策之前，讓對方參與企劃決策可以提高認同感。
● 如果希望對方成為你的盟友，事先找他商量並聽取他的意見。

面對主管，「報告‧聯絡‧商量」不可少

報告	● 壞消息盡早報告，盡快做出決斷、止血回損。 ● 好消息不用急著報告，盡量表現自己。 ● 正確報告事實。 ● 相同的成果會因報告方式的不同而取得更好的評價。
聯絡	● 謹記5W2Ｈ，正確傳遞情報。 ● 聯絡是團隊活動時的溝通手段。 ● 透過分享情報，可以促進彼此互相理解。 ● 選擇能夠減輕彼此負擔的聯絡方式。
商量	● 不要只會說「怎麼辦？」，試著思考幾個替代方案，再找對方商量。 ● 透過商量，可以讓對方站在自己的角度思考。 ● 商量可以減少不必要的努力。 ● 只要聽取主管的意見，更容易得到主管的好評。

我報告。是不是在哪裡偷懶？」主管可能會這樣想。資訊不足會加深不信任感，這是人類的本能。

　　藉由跟主管或相關人士報告狀況，來改善溝通狀況吧。壞消息要盡早報告，盡快做出決斷、止血回損。如果隱瞞狀況，一旦事跡敗露，別人可能會覺得你「為什麼不老實說？這個人實在令人難以信任」。另一方面，如果是好消息，不用急著報告。找一個最容易博取好評的時間點，再向主管報告這個好消息吧。相同的成果，會因為報告方式不同而獲取更高的評價。

　　在聯絡方面，請謹記5W2H（When、Where、Who、What、Why、How to、How much），不要產生任何遺漏。忘記聯絡則不在討論範圍之內。

　　跟主管或相關人士商量事情，可以使他們成為你的盟友。透過商量，就能讓對方站在自己的角度思考。但是，**商量時請不要問對方「怎麼辦？」這種太過抽象的問題，加入自己的想法，如「我想這麼做，你認為如何？」來表現自己的積極態度。**

●提出替代方案，給對方選擇的機會

　　還有一個方法，就是提出替代方案（option）讓決策者選擇。**準備替代方案提供選擇，等於讓對方參與決策。**

　　偶然間，某個員工提出一個案子，即使一群人圍著討論，在你一言我一語、反覆商量的狀況下，非常容易陷入一面倒的局面。

事先想好替代方案，在盡可能廣泛追求可能性的狀況下，讓所有人選擇可以認同的方案，是比較有效的方法。

　　已經完成的案子要修改幾次都沒關係。思考替代方案，透過評價方案之間的優劣，可以幫助你發現改善方案內容的提示。**你可以不斷改善替代方案，只要在最後做出決定，並採納其中一個方案即可。**讓主管和相關人士藉由選擇方案來加入決策，可以提高他們對該方案的認同感。

提出替代方案讓對方選擇，就能提高認同感

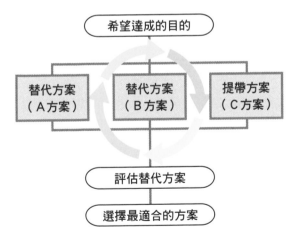

　●準備替代方案提供選擇，可以讓
　　對方透過選擇來參與決策。

42

閒聊時，「傾聽」比「說話」更重要

問問題取悅對方，讓對方侃侃而談

●拋開「我非得說些什麼」這個先入為主的觀念

當女性跟男性商量煩惱時，很多人尋求的並非解決方案，然而男性卻會打斷女性並提出解決方案。此時，女性心裡大多想著：「那些事不用你說我也知道，我只是希望你能聽我說而已。」

即使只是傾聽對方，對方也能藉此抒發壓力。**人類有一種特殊的傾向，那就是遇到願意聆聽自己說話的人時，會善意判斷對方是能夠理解自己的人。**

所謂的擅於表達，也可以稱之為擅於聆聽。願意聆聽他人說話的人，也會變得非常擅於溝通。與其一直想著要說什麼，不如試著聆聽對方要說什麼吧。

如果一直說話，就會陷入煩惱「該說什麼話題好？」的窘境。但是如果換個想法「聽對方說什麼」，溝通就會變得更加輕鬆。只要拋開「我非得說些什麼」這個先入為主的觀念，就能使溝通狀況變得更加良好。

不需要害怕沉默。只要這麼想就好：我的沉默是對方說話的

擅長聆聽就是擅長表達

- 問問題可以提高對方在對話中的參與感。
- 問問題可以讓溝通變得更加順暢。
- 詢問就是英文的ask，也就是問別人問題。

沉默時是對方說話的機會

- 拋開「我非得先說些什麼」這個先入為主的觀念，
  談話氣氛更輕鬆。
- 只要不害怕沉默，即使沒有話題也沒關係。

機會。如果你是不擅長找話題聊天的人，只要讓對方提供話題就好。只要不害怕沉默，就不會因為沒有話題而感到困窘。

●從蒐集情報的角度來看，別人的話就變得相當有趣

也有人只要自己不說話就會覺得很痛苦。但是如果一直自說自話，就無法從別人的口中蒐集情報了。你可以**把聆聽別人說話這件事情，定位為蒐集情報**。從對方的談話當中，有可能得知自己原本不清楚的資訊，或是對自己有幫助的提示，可以度過非常有意義的時間。

舉例來說，如果和熟悉經濟的人聊天，或許能了解到經濟相關的知識，或是當前的經濟趨勢等等。另外，和具有不同價值觀或不同職業的人聊天，也可能進一步刺激你的價值觀或既有知識。透過問問題來拓展話題，可以幫助我們從對方的談話當中獲取情報。

●優先思考對方容易發揮的話題，例如擅長領域等

當我們需要蒐集情報時，溝通也能派上用場。把你想知道的事情拿去詢問擅長該領域的人，相信他們一定會相當樂意為你解答。這麼一來，比起自己調查，可以在短時間內蒐集更多詳細的資訊。

只要稍加稱讚對方「聽說你非常了解～」，即使他嘴上說著「沒有啦，你過獎了」，內心應該非常高興。此外，提問時也可以同時關心對方的近況，例如「聽說你最近開始嘗試～？」，相信對

方會愉快地和你分享他的經驗。

良好的溝通可以強化彼此的信賴關係。更甚者，聆聽他人談話還能蒐集情報，若從這個角度來思考，溝通就會變成一件有趣的事。

將溝通視為情報蒐集的一環

● 一味地聊自己想講的話題，無法透過對話增加知識。
● 以蒐集情報的角度聆聽他人談話。

試著詢問對方擅長領域相關話題以引出情報

● 向擅長該領域的人請教，比你自己調查來得快。
● 只要以蒐集情報的角度思考，就能認真聆聽對方談話。

43

以對方的話題為基礎，拓展交談內容

「確認」「總結」「YES-BUT說話法」是交涉的基礎

●不明白對方意思時，請再次確認

如果不能正確了解對方話中的含意，你的回覆就不可能切入重點。另外，別人傳話給你時，如果沒有正確了解情報的內容，傳話的一方也會感到相當困擾。舉例來說，當老闆透過祕書傳話給你，如果你誤解了傳話內容，就會造成雙方的困擾。

特別是數字相關的情報，因為非常容易聽錯，請務必再三留意。電話號碼、日期時間這類的資訊，一定要拿紙筆寫下來。

當你搞不清楚對方的意思時，不要怕麻煩，再次跟對方確認吧！不懂裝懂，只會讓你的反應變得相當尷尬。俗話說「問乃一時之恥，不問乃一生之恥」，不要做出讓自己後悔的事，再跟對方確認一次。

●首先，試著理解「對方想說的到底是什麼」

對方在說話時，如果可以一邊歸納「對方想說的到底是什麼」一邊繼續聆聽，就能更快理解對方的意思。**如果你堅持不能漏掉任何一句話，就有可能因為過於執著「例如」這類枝微末節的部**

不清楚的時候,再次確認內容吧

你的意思是
〇〇對吧!

社長要我來
傳話⋯⋯

- 如果希望自己更精確地理解對方的意思,請跟他再次確認內容。
- 不懂裝懂只會讓你的反應變得相當尷尬。

一邊歸納「對方想說的到底是什麼」一邊繼續聆聽

原來他的意思
是〇〇啊。

因為⋯⋯所以⋯⋯

- 不要被話中的一字一句所迷惑,一邊歸納「對方想說的到底是什麼」一邊繼續聆聽。
- 歸納重點時,也可以捕捉對方話中的關鍵字並深入詢問。

分，而難以理解對方的主張究竟為何。

舉例來說，主管指派工作給下屬時，下屬的反應是一一列舉出自己無法辦到的各種理由。此時，如果能在腦中理解到「也就是說，下屬不想負責這項工作。所以他現在正在想辦法找藉口」，你就會發現與其一一反駁對方的說辭，不如思考自己該說什麼，才能讓下屬產生幹勁。

●抱持反對意見時，運用「YES-BUT說話法」可以提升好感度

不分青紅皂白地否定對方意見，無法達成良好的溝通。舉例來說，當對方說「這好像不錯耶」，如果你一股腦地回覆「明明就完全不OK」，對方一定會不太開心吧。

只是否定對方意見，有溝通也等於沒溝通。當你想要提出否定意見時，首先接受對方的意見，然後再提出自己的意見，這是溝通的基本。「原來如此，你想說的是～，對吧」，像這樣先接受對方的意見之後，再接著說出自己的想法：「的確有這種說法，但是也有～這種思考方式」。這就是所謂的「YES-BUT說話法」。

不由分說地否定，只會使你和對方之間產生隔閡。先接受對方意見，再提出替代方案，間接表達你的否定意見，就不會傷害對方的心。

另一方面，**為了使商談進展得更加順利，消除客戶的疑慮相**

當重要。首先，透過回覆「原來如此，你是擔心～這一點吧？」，讓顧客知道你了解他的疑慮。接下來只要提出解決方案，就能輕易讓對方產生「我擔心的事情，這個方案能解決」的安心感。

「YES（是的）-BUT（但是）說話法」能讓談話更加順暢

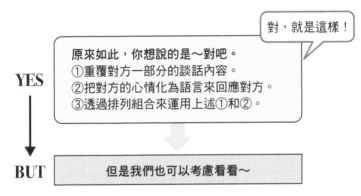

對，就是這樣！

YES

原來如此，你想說的是～對吧。
①重覆對方一部分的談話內容。
②把對方的心情化為語言來回應對方。
③透過排列組合來運用上述①和②。

BUT　　但是我們也可以考慮看看～

● 不要不分青紅皂白就否定別人的提議。
● 給對方「無論如何，對方接受了自己的意見」的安心感。
● 因為自己的意見被接納了，所以自己也變得想去認同對方。

先消除客戶的疑慮，使商談進展得更加順利

原來如此，你擔心的是○○對吧。

公司有準備跟○○有關的資料，我明天提供給您。

您的擔心相當合理，但是只要試著改變想法，就會發現這項商品目前還未受到大眾關注，價格其實相當便宜。現在可說是購入的最好時機！

44

誘導聽者往某個方向思考

對方聽進什麼內容必須由你決定

●明確告知數據和圖表該如何解讀

　　「來吧各位，請思考看看我們可以從表格中看出什麼端倪」，這種秀出複雜數據表格的簡報內容，容易混淆聽眾的意見，無法將思考方向導向你要提出的主張。**簡報時，不應該讓聽眾隨意提出意見，而是必須聰明地誘導聽眾往你主張的方向思考，並贏得他們的贊同**。在提出主張之前，如果沒有順利地誘導聽眾，就無法讓他們同意你的主張。

　　舉例來說，一群人一起看一張圖表時，有些人覺得利潤很高，另一群人則覺得利潤偏低，這麼一來會發生什麼狀況？當你開始說明時，總是會有一邊的人這麼想：你說的話很明顯地完全違背剛剛圖表顯示的內容。這麼一來，在還沒導出結論之前的每個階段當中，都只會徒增不理解簡報主張，或是不贊同該主張的人。請盡量避免使用會混淆聽眾判斷的資料。

　　簡報資料（PowerPoint）**每一頁的內容應該如何理解？將結論明確地告知聽眾相當重要**。例如，秀出一張圖表時，用條列式寫下

將聽眾誘導至目標方向

也就是說，在這裡有一個上升的趨勢，大致可以從三個理由看出來。
①物價指數正在脫離通貨緊縮。
②企業製品的庫存量減少。
③積極投資設備。

● 秀出圖表和數據，然後說「請大家自行思考看看」，聽眾就只會從自己的角度來解釋。

● 一張圖表搭配一個資訊，明確指出這一頁的簡報內容「到底想表達什麼」。

「從這張圖表當中，我們可以看出以下三點」等文字。這麼一來，聽眾就會認為「從這三個面向來理解這一頁就可以了」。每一頁的簡報內容要表達的是什麼？明確告知聽眾，誘導他們往你要的方向思考，是簡報時的關鍵。

● 條列式時，一句話搭配一個訊息（1sentence, 1message）

　　這一頁要表達的是什麼？在簡報當中，寫下可以補足主張本身的條列式句子，就能漸漸將聽眾誘導到你要的方向。書寫條列式的重點時，請以一句話搭配一個訊息為原則。所謂的一句話搭配

一個訊息，指的是**每寫一句話（句子）就放入一個訊息（表達立場）**。如果在一句話當中放入太多訊息，很容易就會不小心寫成一段難以理解的長文。

在右頁的圖片當中，標題放在最上方，條列式的重點則列在最下方。然後在正中央的部分放入圖解，具體說明此次簡報的內容。如果沒有最下方的條列式重點，即使花時間製作了中間的圖解，聽眾也無法完全理解你的意思吧？除了製作圖解，最重要的是把你要傳達的意思條列式地寫在簡報當中，這可以幫助你提升聽眾對內容的理解程度。

我們經常會看到這種簡報：雖然提供了許多資訊，但是不知道報告者究竟想表達什麼。雖然可以看出報告者做了許多事前研究，並努力製作出這份簡報，然而**只要無法回答聽眾「他到底想表達什麼？」這個疑問，簡報再怎麼詳盡都沒有任何意義**。聽眾尋求的是你的主張。「重點到底是什麼？」，如果沒有解釋這一點就不斷推進簡報內容，就會讓聽眾一直處在沒有消化簡報的情況當中。

一旦沒有控制聽眾，讓他們處於搞不清楚狀況的處境當中，就不可能得到好的結果。聽眾搞不清楚狀況，就會產生叛亂。例如，無視報告者的意見，各自依照自己的想法去理解簡報內容，最終導致報告者的主張不被接受。

明確告知數據和圖表該如何解讀

與主要物流公司合作的總銷售額

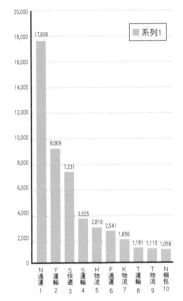

順序	運輸公司	銷售額（億日圓）	佔比%
1	N通運	17,606	36.6
2	Y運輸	9,069	18.9
3	S快遞	7,231	15.1
4	S運輸	3,525	7.3
5	H物流	2,816	5.9
6	F通運	2,541	5.3
7	K物流	1,856	3.9
8	T運輸	1,181	2.5
9	T物流	1,110	2.3
10	N捆包	1,058	2.2
	合　計	47,993	100

●物流公司的三大龍頭：N通運、Y運輸和S快遞。
●前十大物流公司的總銷售額為4.8兆日圓，其中前三名總銷售額為3.4兆日圓（約佔70%），呈現出寡占市場的狀態。

●圖表化的資訊更能加深聽眾的印象。

第 **3** 章

寫作技巧

LOGICAL
WRITING

一段話的長度
大約控制在四十個字左右

原則上一句話搭配一個訊息

●人類的思考迴路與好懂文章之間的關係

好懂文章和難懂文章有什麼差異？**一篇文章是讀了就懂，還是怎麼讀都看不懂，是由讀文章的那個人來判定的。**因此，可以透過了解人類的思考迴路，來釐清怎麼樣的文章才是讓人覺得好懂的文章。

人類的思考領域，用電腦來比喻就是CPU（中央處理器）。為了思考，必須從儲存情報的硬碟當中提取需要的訊息。這個硬碟就等同於人類的大腦。而把情報從外部輸入到大腦的東西，則可以用鍵盤和網路來比喻。

人類在思考的時候，會將從外部而來的情報，暫時先保存在CPU的快取記憶裡。然後為了理解新情報，硬碟（人類的大腦）會開始搜尋過去累積的資訊。

如果一次輸入太多情報會發生什麼事？人類的CPU會因為氾濫的情報導致停止運轉。人類的CPU可以暫時保存資訊的快取記憶，大概只能容納七個左右。而難以理解的文章會讓人類的CPU，

人類的記憶與思考的構造

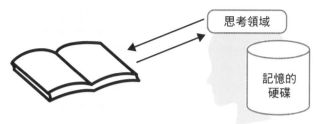

- 思考領域是CPU（中央處理器），記憶是硬碟。
- CPU為了思考，會從硬碟裡抽取記憶情報。
- CPU的記憶會立即消失（一次只能記住七個左右的資訊）。

思考中的CPU無法塞入七個以上的情報。

什麼是難懂的文章？

長篇大論
一篇文章塞入過多情報
不清楚的詞彙
邏輯矛盾的故事
與自身常識不相符的狀況

思考停止

思考領域

記憶的硬碟

思考停止的條件

- 思考領域塞滿資訊導致恐慌狀態。
- 無法存取硬碟的狀態。

- 思考領域充斥被資訊塞爆的文章。
- 無法存取記憶硬碟的文章(不清楚的詞彙)。

也就是思考領域，因為一下子接收太多資訊而滿載，導致無法存取硬碟的狀態。

●像條列式一樣，一句話搭配一個訊息，長度控制在四十個字左右

例如，迂迴的文章或是長篇大論都因為放入太多資訊，導致思考領域滿載。另外，當人們看到不清楚的詞彙，或是話題進入自己未知的領域，就會因為情報氾濫而導致思考停止的狀況。

好懂的文章必須滿足以下幾個特點：簡短、一句話搭配一個訊息，以及使用讀者知道的詞彙等。

一句話搭配一個訊息，也就是所謂的1 sentence, 1 message。如果想寫的資訊超過兩個以上，只要將句子分開來即可。**隨時提醒自己將字數控制在四十個字以內**，就能辦到1 sentence, 1 message。

順帶一提，文字處理軟體的一行字，初期設定大多是四十個字元。

什麼是好懂的文章？

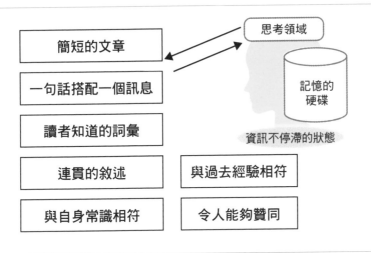

思考領域

簡短的文章

一句話搭配一個訊息

讀者知道的詞彙

記憶的
硬碟

連貫的敘述

與過去經驗相符

資訊不停滯的狀態

與自身常識相符

令人能夠贊同

好懂的文章就是一句話搭配一個訊息

1 sentence, 1 message，一句話裡想表達的重點只有一個。

（雖沒有義務這麼做，但簡短的文章對讀者來說
較容易理解）

業務部事先訂貨的狀
況頻繁，由於是在訂
單確定前就訂貨，造
成資材部的庫存量慢
性提升，導致頻繁的
存貨跌價損失。

52字

分開
訊息

業務部預先訂貨
太頻繁，常常訂
單還未確定就下
單。

23字

結果造成資材部
的庫存慢性提
升，導致頻繁的
存貨跌價損失。

27字

✕ 問題點：兩個訊息混在一起

● 不要貪心，將一句話裡要傳達的重點濃縮為一個。
● 如果想要傳達的重點有兩個以上，分開來寫就好。

【對策】一句話控制在四十個字以內（WORD一行以內）。

46

書寫文章前，先創建目次

將標題分為好幾個階層，透過視覺傳達書寫內容的邏輯敘事

●目次（所有標題的集合）是門面，將之視為整篇文章的摘要

好懂的文章，就是一句話搭配一個訊息。那麼將這些文章整合起來，什麼樣的內容最好理解？我認為一篇容易理解的文章，就是邏輯敘事清晰明確的文章。如果希望使邏輯敘事更加清晰明確，**只要在寫文章之前，事先建立目次就可以了**。目次是標題的集合，透過事先寫好構成目次的標題，就能循序漸進地釐清文章的內容該寫些什麼。

書寫文章時，目次扮演了非常重要的角色。相對的，從讀者的角度來看，透過事先閱讀目次，就能了解文章整體的邏輯敘事。當我們在閱讀一本將近兩百頁左右的書籍時，建議各位先把一開始的目次瀏覽過一次。這麼一來，當你開始閱讀書籍之後，對內容的理解能力將會因此大幅提升。

先讀自己不清楚的部分也是一個方法。例如，書中提到了「三個技巧」，而你對此充滿了興趣，在抱持興趣的狀況下馬上閱

目次（所有標題的集合）是一本書的門面

● 進入正文之前，先讀目次吧。
● 目次是為了航向書籍之海而存在的航海圖。
● 如果目次能讓人了解內文的整體走向，那就是好的目次。

把每一個標題視為內文摘要來書寫

看書要從目次開始看。

掌握書籍的整體方向。

試著先從不清楚的
部分開始讀。

（例）三個技巧
（例）四個分類

用麥克筆標示顏色
以區分標題。

▶ 已經理解的部分（不標示）
▶ 似懂非懂的部分（綠色）
▶ 不懂的部分（紅色）

讀該章節，也能提高理解能力。

　　用麥克筆的顏色區分標題也是一個不錯的方法。例如，不懂的地方用紅色麥克筆標示，或是似懂非懂的部分用綠色麥克筆標示出來。

●順著讀者視線設計標題——有層次結構的標題
標題分層次，就能寫出容易理解的文章

　　區分標題也可以幫助書寫者寫得更加順利。只要將標題用「大標題」、「中標題」和「小標題」區分層次，就可以將文章整體的邏輯架構以視覺化的方式傳達。如果標題能夠順著讀者的視線來設計，就能使文章好讀又好寫，達到讀寫雙贏的局面。

　　將標題分層的方法非常簡單，只要加上層次編號即可。為了視覺化「大標題」、「中標題」和「小標題」之間的差異，橫式書寫時，每下一層就將編號往右靠一格；直式書寫時，每下一層就將編號往下靠一格。

　　另外，**數百字的短文不需要將標題分層，一千字以上到數千字左右的文章分為兩層，數千字以上的長文則分為三層，這是比較好的分層標準。**

順著讀者的視線設計標題更好讀

橫式書寫

直式書寫

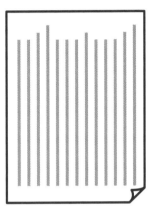

階層式標題

用層次編號建立標題

```
1.
  (1)
    ①
    ②
  (2)
    ①
    ②
2.
  (1)
    ①
    ②
  (2)
    ①
    ②
```

```
1.
  1. 1
    1. 1. 1
    1. 1. 2
  1. 2
    1. 2. 1
    1. 2. 2
2.
  2. 1
    2. 1. 1
    2. 1. 2
  2. 2
    2. 2. 1
    2. 2. 2
```

47

引人閱讀的好開頭，
讓人失去耐性的壞開頭

寫下讀者關注程度高、容易認同的內容

●透過開頭讓文章變得更突出

「開頭看起來好無聊」、「開頭好沉重」……，讀者只要一有類似的感覺，就會放棄閱讀那篇文章。運用文章的開頭，緊緊抓住讀者的心吧！

有趣的開頭，指的是內容含有讀者高度關心的資訊，或是容易引發共鳴的內容。第一，讓讀者高度關心的資訊內容，必須讓人覺得有趣，並且想要繼續深入了解。另外，如果讀者覺得內容跟自己相關，可能派上用場的話，也有機會事先閱讀該篇文章。

第二，容易引發共鳴的內容，對讀者而言也是一個有趣的開頭。如果能讓讀者覺得「的確如此，跟我的意見一致呢」，他們就會覺得這是一篇很好理解的內容。因為很好理解，讀起來沒有負擔，就會想要繼續閱讀下去。如何在一開始就引發讀者的高度關心，可以透過「贈品活動指南」這個案例來思考（右頁圖）。

首先是標題，讓讀者一眼看出贈品是什麼，是比較能引發興趣的寫法。接下來，馬上介紹讀者關心的贈品內容，對讀者來說相

用文章開頭抓住讀者的心

贈品：大型液晶電視！**（贈品提供：家電com）**

1. 贈品內容

一口氣抽出「3000位」幸運顧客。

特獎是70吋液晶電視，名額高達5位。

特獎	70吋4K 液晶螢幕	5台
頭獎	大容量冰箱	10台
二獎	空氣清淨機	100台
三獎	USB隨身碟32GB	2885個

> 先回答讀者關心的部分。

2. 贈品抽獎資格與申請辦法

任何人都能參加抽獎。只要寄一封空白電子郵件到以下郵件地址，就能申請參加抽獎。

×××@×××.jp

3. 贈品活動策畫背景

因為顧客一直以來的蒞臨愛戴，本公司迎來了創業五周年。此次，為了紀念股票上市，將舉辦大型贈品活動……（接下來，簡潔描述背景故事）

↕ 讓人想繼續讀下去

沒有繼續讀的心情 ↓

> 看不出來贈品是什麼。

贈品活動指南**（贈品提供：家電com）**

1. 贈品活動策畫背景

因為顧客一直以來的蒞臨愛戴，本公司迎來了創業五周年。此次，為了紀念股票上市，將舉辦大型贈品活動……（接下來，針對背景故事大書特書）

2. 贈品抽獎資格與申請辦法

任何人都能參加抽獎。請透過電子郵件登記。

3. 贈品內容

特獎	70吋4K 液晶螢幕	5台
頭獎	大容量冰箱	10台
二獎	空氣清淨機	100台
三獎	USB隨身碟32GB	2885個

> 一開始就只考慮書寫者的狀況，長篇大論地說明。

當友善。而申請辦法的相關資訊,則是緊接在贈品內容介紹之後較為妥善。

●壞開頭會讓讀者看得很痛苦

所謂壞開頭指的是什麼呢?這類型開頭分為以下四大類:「**超長的前言**」、「**泛泛之談**」、「**無法傳達主旨**」和「**利己主義**」。

第一類是超長的前言。前言如果太長,會讓讀者失去耐心。這種狀況下,很多人不是放棄閱讀,就是直接跳過。各位最好要有這樣的觀念:即使在前言當中放入重要的內容,大多數人也不會詳加閱讀。

第二類是泛泛之談的前言。有些文章總是讓人忍不住想吐槽:「所以咧?到底想說什麼?」這種文章不管是對讀者還是對書寫者雙方來說,都只是在浪費時間。

第三類則是無法傳達主旨的前言。如果讓人看了覺得「不要擅自決定好嗎」,或是「突然這麼說,我也無法認同啊」,反而會招致讀者的反感。

第四類則是利己主義。以書寫者的狀況為最優先寫出來的文章,只會讓讀者感到不愉快。

各式各樣的壞開頭

超長的前言	泛泛之談
ATM櫃員機使用限額變更通知 近年來，由於特殊的詐欺手法橫行，以及洗錢事件頻傳等社會問題正浮上檯面。例如，匯款詐欺事件每個月的被害金額高達…… 另外，上個月…… ………… …… … 1. 限額變更理由 2. 詳細說明變更額度 3. IC卡的更換方法	**營業時間延長通知** 近年來，因為氣候異常關係，多數區域的河水氾濫，經常發生地板積水的狀況。在各位的居住的地區…… … ………… … 1. 延長營業時間理由 2. 詳細說明往後的營業時間 3. 與現行營業時間的差別
●超長的前言讓人完全不想讀下去。	●讓人有種「所以咧？ 到底想表達什麼？」的感覺。
人事制度變更通知 在前幾天的經營會議當中，決議針對人事制度進行以下變更，特此通知。請各位務必配合。 1. 變更制度概要 2. 與現行制度差別 3. 導入此制度之後對公司的好處	**交易條件變更通知** 因為油價高漲，公司的營利結構正被削弱。為了維持健全的經營體質，不得不重新審視我方與貴公司的交易條件。在共存共榮的理念之下，更改交易條件如下，請貴公司配合。 1. 適用時間 2. 新交易條件概要 3. 與現行交易條件的差別
●沒有回答讀者「為何」如此決策 （讀者無法認同）。	●書寫者只想到自己。 ●沒有站在讀者角度思考。
無法傳達主旨	利己主義

48

「商業文書從結論開始書寫」不是唯一正解

傳達的時機點會影響說服效果

●先提出結論的優／缺點

書寫商業文書要有計畫，書寫者要傳達給對方的訊息是什麼、可以接受什麼要求。**書寫者在什麼時機點向讀者傳達結論，將會影響說服的效果。**

「最終，我要表達的是什麼？」，結論到底要先說還是後說，取決於讀者的狀況。一般來說，在商業文書當中，往往是早一點提出結論較為有利。因為愈來愈多人希望在適度的前言之後盡快得知結論，只要先知道結論，就能一邊讀、一邊思考是否同意條件。

先提出結論比較好的狀況，大致有三種。**第一，讀者設定了主題並且正在等待答覆時。第二，讀者已經知道結論，只需要取得回覆確認時。第三，希望讓讀者盡快理解整體狀況時。**

先提出結論的優點，在於短時間內讓讀者了解狀況，也可以讓沒耐心的讀者更容易聽得進去。而缺點則是讀者一旦被迫接受結論，就容易感到不對勁，如果他們不喜歡結論，就不會繼續閱讀下去。

先提出結論的狀況

聽起來
好像不錯……

新開發的事業取得了令
人滿意的結果,所以我
來向您報告。

先提出結論的狀況

● 讀者設定了主題並且正在等待答覆時。
● 讀者已經知道結論,只需要取得回覆確認時。
● 希望讓讀者盡快理解整體狀況時。

先提出結論的優／缺點

優點	缺點
● 可以在短時間內讓讀者了解狀況。 ● 沒耐心的讀者容易聽得進去。 ● 確保在閱讀的同時,有時間判斷結論是好是壞。 ● 可以省略並簡化與結論無關的部分。	● 讀者一旦被迫接受結論,就容易感到不對勁。 ● 如果讀者不喜歡結論,就不會繼續閱讀下去。 ● 讀者在沒有心理準備的狀況下,難以接受結論。

●最後再提結論的優／缺點

有些時候，把結論放到最後再提出較為有利。後提出結論比較有利的狀況，大致分為以下三種。**第一，主題由書寫者自行設定時**。這個時候，因為讀者還沒有做好聽結論的心理準備，突然提出結論，只會讓被迫接受結論的讀者感到困惑。**第二，預期結論會引發讀者反彈時**。如果在一開始就提出結論並引發讀者反彈，他們也不會繼續閱讀下去了。**第三，希望讀者自行思考並推敲出結論時，後提出結論也是比較好的做法**。推理小說也是到了最後才揭露結論。如果一開始就告訴讀者「犯人是A」，就不會是一本推理小說了。

當你希望讀者拋開先入為主的觀念並仔細思考時，後提結論可以給讀者充足的時間思考，效果相當卓越。這是後提結論的優點。然而，這個方式的缺點則是不適合性急的人，並且容易讓讀者感到不耐煩。

後提出結論的狀況

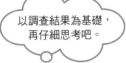

以調查結果為基礎，再仔細思考吧。

我有一個提案想跟部長報告。首先，向您報告調查結果……

後提出結論的狀況

● 主題由書寫者自行設定時。
● 預期結論會引發讀者反彈時。
● 希望讀者自行思考並推敲出結論時。

最後再提結論的優／缺點

優點	缺點
● 讀者能夠拋開先入為主的觀念仔細思考。 ● 只要有充足的時間，讀者就會閱讀得更深入。	● 性急的讀者會放棄閱讀。 ● 讀者容易不耐煩。 ● 可能會發生無法正確傳達結論的狀況。 ● 不同的讀者可能會得出不同的結論。

49

溝通的六個構成要素

「背景」「主題和問題」「書寫者」「讀者」
「答案」「預期反應」

●**四個溝通條件和二個溝通成果**

　　書寫文章的目的是針對某個「問題」提出「答案」。例如，跑完業務回公司寫出差報告時，閱讀的人期待你針對「出差的成果如何？」這個「問題」，提供「跟A公司的洽談結果很成功，簽約條件如下」的「答案」。問題與答案，是書寫者和讀者溝通時最重要的情報。

　　為了讓書寫者和讀者能夠透過文章彼此溝通，必須具備六個構成要素。在開始寫文章之前，讓我們先整理好這六個構成要素吧。這六個構成要素，包含了四個溝通條件和二個溝通成果。

　　四個溝通條件分別是「①背景」、「②主題和問題」、「③書寫者」和「④讀者」。二個溝通成果則是「⑤答案」以及「⑥預期反應」。

●**使六個構成要素明確化**

　　第一個構成要素是「背景」，必須確認「該主題為何必要

溝通的六個構成要素

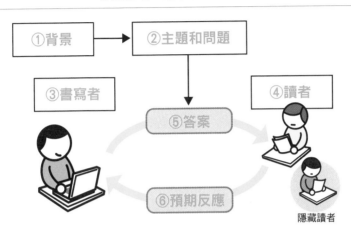

構成要素	說明
溝通條件	明確提出四個溝通「條件」
①背景	必須設定該主題的理由、設定主題的正當性。
②主題和問題	想要釐清的問題是什麼、明確提出問題的內容。
③書寫者	針對主題與問題寫下答案的人。
④讀者	閱讀的人。商業文書通常存在許多隱藏讀者。
溝通成果	確實提出二個溝通「成果」
⑤答案	提出問題的答案。結論或主張。
⑥預期反應	書寫者必須確認讀者的期望為何。

的理由」以及「設定主題的正當性」。第二個要素是「主題和問題」，要明確指出「想要釐清的問題是什麼」，並且「明確提出問題的內容」。第三個要素是「書寫者」，明確釐清書寫者的立場。第四個要素是「讀者」，確實理解誰是你的溝通對象。

溝通的「答案」指的是問題的答案。也就是針對問題，提出結論或主張。「預期反應」指的則是書寫者必須明確了解讀者的期望為何。書寫者預期了讀者的反應，並且讀者的反應也符合預期，代表該文章達成了目的。

以經營會議時提出的新事業提案為例，在右頁圖表當中，針對此案例列出了促成溝通的六個構成要素。首先，必須使溝通的六個構成要素明確化。如果沒有明確釐清每個要素，可能會落入不斷重寫與修改的窘境當中。

以經營會議時提出的新事業提案為例

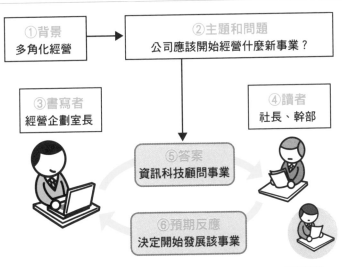

構成要素	以新事業提案為例
①背景	●資訊系統事業狀況低迷，訂單售價下滑。 ●顧客對高附加價值服務的需求增加。
②主題和問題	●提出對既有事業有幫助的新業務。 ●公司應該開始經營什麼新事業？
③書寫者	●經營企劃室長是書寫者。 ●室長的下屬負責完成提案資料。
④讀者	●讀者是社長和幹部。經常需要公開簡報。 ●隱藏讀者是沒有參加簡報的顧問和部長
⑤答案	●公司應該開始經營資訊科技顧問事業。
⑥預期反應	●獲得社長和幹部高度評價。 ●決定開始發展資訊科技顧問事業。

50

透過簡單的金字塔結構
使各項要素階層化

能夠沒有矛盾地解釋問題和答案是必備條件

●將結論和根據分階層，
　支持結論的根據應該控制在三個左右

　　所謂的合乎邏輯，就是整體的論述沒有矛盾，從頭到尾串聯在一起。這也與三角邏輯是否成立相關（參照十八頁）。運用三角邏輯概念時，可以如右圖一般，透過簡單的金字塔結構來改寫。

　　問題與答案（結論或主張）之間的關係合乎邏輯，指的是「針對問題提出的答案，也就是所謂的結論，必須能夠透過複數個根據（說服理由），毫無矛盾地完整說明」。毫無矛盾地完整說明則需符合以下三點：「結論即為問題的解答」、「結論與根據之間So What?（所以，結論是什麼？）／Why?（為什麼這麼說？）的關係能成立」以及「根據能夠完美支持結論」。

●使「So What?／Why?」之間的關係成立

　　合乎邏輯的文章，問題和答案之間必須能夠毫無矛盾地互相說明。該怎麼做才能確保答案不會產生矛盾？根據必須支撐答案，

合乎邏輯，指的是整體論述從頭到尾
毫無矛盾地串聯在一起

合乎邏輯指的是：

針對問題提出的答案，也就是所謂的結論，必須能夠透過複數個根據毫無矛盾地完整說明。
- 結論即為問題的解答。
- 結論與根據之間So What?／Why?的關係能成立。
- 根據能夠完美支持結論。

合乎邏輯的文章結構（簡單的金字塔結構）

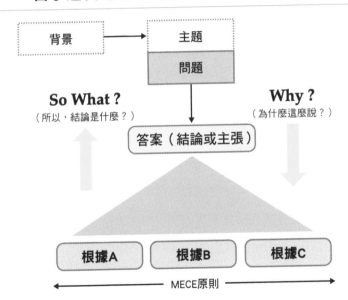

- 根據能夠完美支持結論（MECE原則）。
- 提出三個足以充分說服他人的根據。
- 「答案→根據」之間的關係，是透過「Why?」（為什麼這麼說？）彼此串聯。
- 「根據→答案」之間的關係，則是透過「So What?」（所以結論是什麼？追根究柢，你想表達什麼？）彼此串聯。

一定要有條理。所謂的根據，指的是可以解釋答案的說服理由。

以天氣預報為例，聽到有人問「明天天氣如何？」時，假如答案是「明天應該會放晴吧」，此時讀者一定會問：「為什麼明天會放晴？」

一篇有邏輯的文章，一定要能夠解決讀者的疑問。這個時候，面對讀者的Why?（為什麼這麼說？），提出幾個根據作為理由來說明，是相當有效的做法。

●根據必須謹記MECE原則，不重覆不遺漏並妥善完整

根據是用來說明答案的說服理由，為了確保根據本身完整可靠並且沒有矛盾之處，運用MECE原則（不重覆不遺漏的狀態，MECE：Mutually Exclusive Collectively Exhaustive）來思考並統整是不可或缺的。

如果根據當中有任何遺漏，遺漏的部分就會成為文章的矛盾之處，並被讀者指出。如果根據重覆了，同樣的內容零星散落在文章各處，讀者會因此感到相當困惑。MECE原則不僅是邏輯思考的基礎，對書寫方法來說，也是非常重要的概念。

MECE原則，指的是不重覆不遺漏的狀態

MECE原則（MECE：Mutually Exclusive Collectively Exhaustive）
不重覆不遺漏的狀態

MECE原則的圖像參考

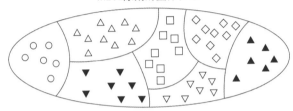

20歲以下	20歲以上 ～未滿30歲	30歲以上 ～未滿40歲	40歲以上 ～未滿60歲	60歲以上

根據一旦重覆或有所遺漏，就不能視為充足的說服理由

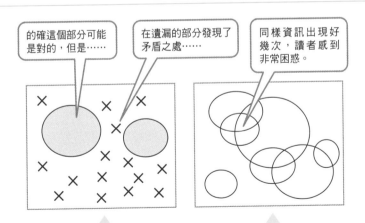

51

MECE原則的思考方法：
「分解要素」、「劃分步驟」和
「比對概念」

●透過「分解要素」確認是否存在遺漏或重覆之處

該如何思考才能符合MECE原則（不重覆不遺漏的狀態）呢？

MECE原則的思考方法，大致可以分為三種。第一種方法是分解要素。把每個構成要素分解出來，確認是否已經確實達到不重覆不遺漏的狀態。第二個方法是劃分步驟。第三個方法則是透過「反過來看」或「正反兩面」等不同角度來比對概念，藉此發現重覆或遺漏之處。

首先，試著用「分解要素」的方式來思考。例如，提到四季，就會想到春、夏、秋、冬。另外，提到體育競賽，就會想到田徑、球類競賽、游泳或體操等項目。參考奧運的競技項目來分類也是一個不錯的方法。分解要素的目的，就是在限制目標範圍的狀況下，尋找是否還有其他遺漏或是重覆的部分。因為鎖定了目標範圍，就可以集中注意力，思考是否存在遺漏或重覆的部分。

思考MECE原則的三個訣竅

分解要素
（把構成要素分解出來）

劃分步驟
（順著流程和
時序來思考）

比對概念
（想想看是否有相反、正反
兩面、除此之外的部分）

● 善用「分解要素」、「劃分步驟」和「比對概念」，達到不重覆不遺漏的狀態。

分解構成要素以確認是否存在遺漏或重覆之處

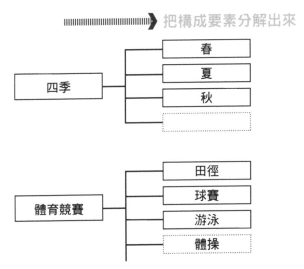

把構成要素分解出來

四季
- 春
- 夏
- 秋

體育競賽
- 田徑
- 球賽
- 游泳
- 體操

● 限制目標範圍，將構成要素一一分解出來。
● 一邊分解一邊確認是否存在遺漏或重覆之處。

●透過「劃分步驟」，順著流程和時序來思考

第二個方法是劃分步驟。**劃分步驟有兩個方式，一個是把流程步驟劃分出來並按照順序思考，另一個則是將時間點劃分出來，然後按照時序逐步思考下去。**

首先，試著劃分流程步驟並思考看看。運用業務流程的劃分方式，是比較普遍的方法。我們就以業務項目最多的製造商為例，試著檢視並思考該製造商的業務流程吧！

「研究—開發—進貨—生產—物流—銷售—維護與服務」是典型的業務流程。接下來還有另一個方法，那就是將時間點劃分出來，並按照時序逐步思考。透過思考「過去—現在—未來」，就能在時序上達到不重覆不遺漏的狀態。

●「比對概念」，找尋是否有相反、正反兩面或是除此之外的可能

在MECE原則當中最常被用到的方法就是「比對概念」，找尋是否有相反、正反兩面或是除此之外的可能。這些比對概念包含：反過來看、正反兩面、質與量、積極要素與消極要素、軟體與硬體、除此之外⋯⋯等。

我們經常使用這個方法來轉換發想。「逆轉思維」或是「反其道而行」之類的方法，就是自古以來，人們為了發現目前為止沒有考慮過的部分而採取的有效手段。

劃分步驟（流程、時序）

劃分流程並按照順序思考

研究　開發　進貨　生產　物流　銷售　維護與服務

詳細劃分進貨流程

零件規格　開發供貨廠商　採購合約　零件進貨　檢查驗收　完成付款

劃分時間點並按照時序思考

過去　現在　未來

尋找比對概念（相反、正反兩面、質與量、除此之外等）

▸自己本身　▸除此之外
▸內部　▸外部
▸硬體　▸軟體
▸正面要素　▸負面要素
▸價值　▸費用
▸變動　▸固定
▸微觀　▸宏觀
▸質　▸量

● 讓自己意識到相反、內面等至今為止不在意的部分，試著針對這些部分思考看看。
● 比對概念可以幫助我們發現重大缺漏。

52

透過簡單的結構來說明：
並列型

最輕鬆簡單，且足以說明「根據」的邏輯推演方法

● 根據的數量控制在三個左右。

　兩種邏輯推演方法：並列型和解說型

　　讓答案（理論或主張）具有說服力的根據，必須控制在三個左右。三個左右的數量，是大部分的人可以一次理解的範圍。去蕪存菁之後得到的這三個根據，應該提供給讀者什麼樣的情報？在決定每個根據彼此之間的關係時，可以使用的方法有兩種：並列型和解說型。

　　首先，試著使用並列型的方式來進行邏輯推演吧。

● 並列型在邏輯推演時，其「根據」必須符合MECE
　原則

　　在並列型的邏輯推演過程當中，會將所有根據並列在一起。**所謂的並列，指的是所有根據之間，彼此存在著對等關係。**當我們把三個左右的根據結合在一起時，為了讓答案具說服力，根據所提供的資訊必須十分充足，並符合MECE原則不重覆不遺漏的狀態，這一點至關重要。

並列型在邏輯推演時，「根據」必須符合MECE原則

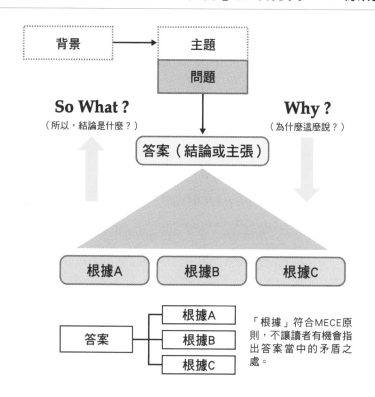

「根據」符合MECE原則，不讓讀者有機會指出答案當中的矛盾之處。

並列型邏輯推演法的運用時機

並列型的運用時機：想透過簡單的構造說明

▶ 想要簡單列出根據時。

▶ 單純想要傳達無爭議內容的時候（聯絡或確認已決策事項）。

▶ 想要強調自己的思考和評估不重覆不遺漏，藉以說服對方時。

並列型邏輯推演法的有效運用時機，就在「當你想透過簡單的結構說明一件事情」時。對於問題和答案本身，預期對方沒什麼概念也不感興趣時，簡單地列出每個根據，比較不會給人強迫接受的感覺，因此遇到類似狀況時，並列型是比較推薦的邏輯推演方式。另外，如果只是想單純地傳達無爭議內容（聯絡或確認已決策事項），或是想在推演過程中，強調自己的思考及評估沒有遺漏及重覆，並藉此說服對方時，也非常推薦並列型來解說。

●並列型邏輯推演法的實例

　　下面試著以並列根據的方式進行邏輯推演。將問題設定為「最適合養在公寓的寵物是什麼？」，答案是「推薦飼養兔子」。為什麼推薦兔子？針對這個問題，必須提出明確的根據。地點、金錢以及照顧寵物需要花費的工夫和負擔，從這三個問題切入，提出各式各樣的根據，並且不重覆、不遺漏地並列出來（右頁上圖）。

　　第一個是地點的問題，我們注意到養兔子相當節省空間，即使是狹窄的地方也能飼養。第二個是金錢的問題，養兔子比養其他寵物（例如貓狗）更加便宜。第三個是照顧寵物需要花費的工夫和負擔，這個部分可以注意到，如果養兔子，不只打掃輕鬆，也不需要花時間帶兔子出門散步。

　　這種並列型的邏輯推演方法，不只在運用上最為輕鬆，也可以很簡單地展示並說明所有根據。

並列型邏輯推演法的實例

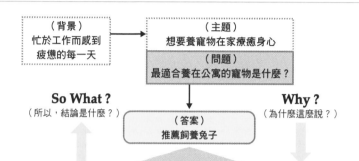

（背景）
忙於工作而感到
疲憊的每一天

（主題）
想要養寵物在家療癒身心

（問題）
最適合養在公寓的寵物是什麼？

So What?
（所以，結論是什麼？）

Why?
（為什麼這麼說？）

（答案）
推薦飼養兔子

| 節省空間，狹窄的地方也能飼養 | 跟其他寵物相比，購買成本和飼料費用相對便宜 | 幾乎沒有負擔、打掃輕鬆、不用出門散步 |

● 從場所、金錢、負擔這三個面向，透過MECE原則將根據並列出來。

好
────────────────
壞

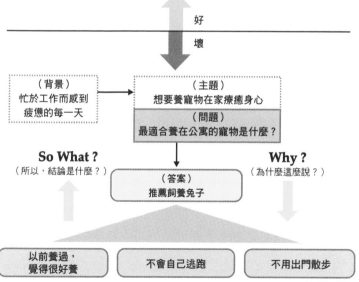

（背景）
忙於工作而感到
疲憊的每一天

（主題）
想要養寵物在療癒身心

（問題）
最適合養在公寓的寵物是什麼？

So What?
（所以，結論是什麼？）

Why?
（為什麼這麼說？）

（答案）
推薦飼養兔子

| 以前養過，覺得很好養 | 不會自己逃跑 | 不用出門散步 |

● 以自己的興趣為依據，列出來的根據有很多遺漏之處。
● 沒有跟其他選擇（狗或貓）做比較。

53

透過敘事進行紮實的推理：
解說型

非得完全說服他人時使用的邏輯推演法

● 解說型的邏輯推演法：依照「判斷材料→判斷基準
　→判斷內容」的順序排列根據

　　接下來，試著用解說型的方式來進行邏輯推演。透過解說型的方式推演邏輯時，提出的「根據」必須具有敘事性。而泛用性最高的敘事流程，就是「判斷材料→判斷基準→判斷內容」。

　　這邊提到的**解說型「判斷材料」，指的是將「能夠引導出答案的事實或數據資料」，作為「根據」提示出來。**接下來的「**判斷基準」，則是指讀者也能接受的客觀標準。**最後，第三個「**判斷內容」，則是以已經提出的「判斷材料」和「判斷基準」為基礎，來判斷答案是否合理。**「判斷材料→判斷基準→判斷內容」這一連串的流程，能夠沒有矛盾地將邏輯敘事串聯起來，對解說型的邏輯推演法來說是不可或缺的步驟。

　　解說型的邏輯推演法，經常被使用在非得完全說服讀者的時候。與只是將所有根據羅列出來的並列型不同，在解說型邏輯推演法當中，因為根據本身具有因果敘事性，所以加強了整體敘事的說

解說型的邏輯推演法：依照「判斷材料→判斷基準→判斷內容」的順序排列根據

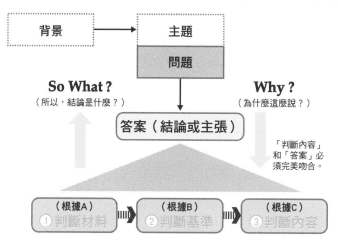

● 「判斷材料」、「判斷基準」和「判斷內容」是根據的說服三大要素。
● 依照「判斷材料→判斷基準→判斷內容」的順序排列根據來說服他人。

①判斷材料	提供能夠引導出答案的資訊、替代方案（也就是判斷材料）。
②判斷基準	能夠說服讀者的客觀判斷標準、常識或原理原則。
③判斷內容	以「判斷材料×判斷基準」為基礎來思考並判斷的內容。

解說型邏輯推演法的運用時機

解說型邏輯推演法經常使用在非得完全說服讀者之時

▶當需要透過逐步說明來說服讀者「為何會得到這個答案」時。
▶答案和根據之間的關係對讀者來說難以理解時。
▶如果不把書寫者的考察和判斷一一展示出來，答案就不具說服力時。

服力道。

　　為什麼會得出這個答案？當需要透過逐步說明來說服讀者時，非常適合使用解說型的邏輯推演法。另外，如果答案和根據之間的關係，對讀者來說難以理解，或是如果不把書寫者的考察和判斷一一展示在讀者面前，答案就不具說服力時，使用解說型邏輯推演法來說明也相當具有效果。

●運用解說型邏輯推演法

　　在上一節中，使用並列型推導出「若要在公寓飼養寵物，最推薦兔子」這個答案，試著用解說型邏輯推演法來推導看看吧。首先提出「判斷材料」，什麼樣的寵物適合養在公寓裡呢？廣泛思考各種可能性，並提出候補名單。除了貓、狗和兔子以外，還可以想到的寵物有倉鼠、熱帶魚等。接下來，為了決定哪一種寵物最適合，提出選擇的標準作為「判斷基準」。例如，養起來很便宜、想要把寵物抱起來放在膝蓋上疼愛等，都可以成為判斷基準。

　　評估並考量「判斷材料」和「判斷基準」，然後提出「判斷內容」。狗和貓這兩種寵物的購買成本和飼料費用較高，而倉鼠和熱帶魚則無法抱到膝蓋上疼愛，因此可以判斷這四種寵物都不是強勢的候選名單。

　　這麼一來，「若要在公寓飼養寵物，最推薦兔子」這個答案，看起來就相當具有合理性了。

解說型邏輯推演法的實例

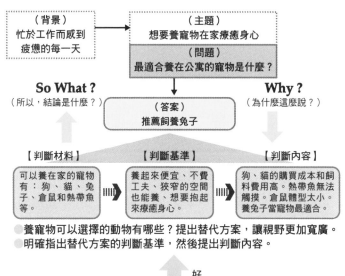

● 養寵物可以選擇的動物有哪些？提出替代方案，讓視野更加寬廣。
● 明確指出替代方案的判斷基準，然後提出判斷內容。

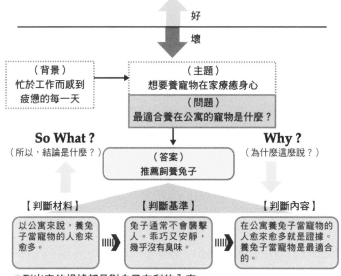

● 列出來的根據都是對自己有利的內容。
● 沒有提出寵物候補名單（狗或貓等）來做比較。

54

設定四個溝通條件

> 「背景」、「主題和問題」、「書寫者」以及「讀者」

●寫文章之前一定要做的事：設定四個溝通條件

開始書寫文章時，事先設定四個溝通條件是不可或缺的重要關鍵。所謂的四個溝通條件，指的是**「背景」、「主題和問題」、「書寫者」以及「讀者」**。

①背景明確化

構成背景的要素有四個，分別是提出問題（需求）、情境設定、前提條件和開場白。

第一個要素是提出問題。現在遇到的困難是什麼？必須明確指出為什麼設定該主題。我們的需求是想解決某個問題，面對這個需求，提出問題有其必要性。

第二個要素是情境設定。文章是官方文件、內部文件還是寫給個人？事先確認文章是否需要遵照某些形式。

第三個要素是前提條件。這個案子是全新的案子，還是有連續性的舊案子？是否延續過去，或與過去有任何關聯性？讀者是特定對象，還是非特定的多數人？這些都屬於前提條件，必須事先確

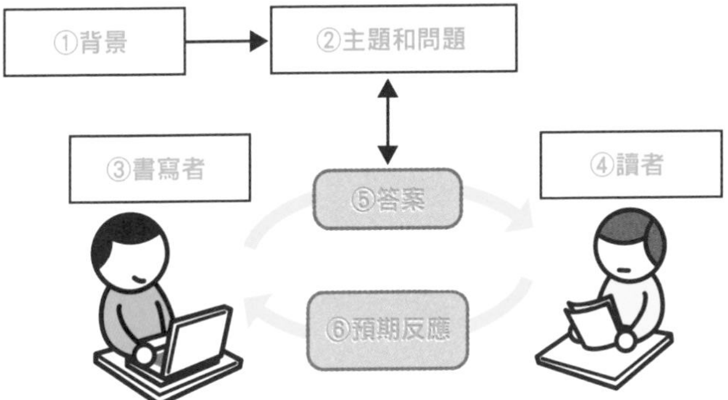

["

認清楚。

　　第四個要素是開場白，思考文章的開頭要從什麼話題切入？

②確立主題，然後提出具體問題

　　有了明確的背景之後，接下來必須確立主題，然後提出具體問題。例如，問題的背景是公司落入赤字體質，因此將主題設定為如何擺脫赤字體質。此時，為什麼公司會成為赤字體質？擺脫赤字體質必須採取什麼措施？都是應該考慮的問題。

③明確釐清書寫者的立場

　　有了明確的問題之後，接下來必須釐清書寫者的立場。這份報告的定位為何？書寫者的立場是什麼？文章的形式與詳細程度等問題，都是必須釐清的部分。為報告做定位，必須先釐清這份報告的讀者是誰？是公司內部人員還是外部人士？這是一份正式報告，還是非正式報告？另外，書寫者是站在什麼立場寫這份報告？下屬、主管、專家，還是一般人？報告的形式也有區分，例如，要使用Power Point來書寫還是純文字？另外，文章有沒有特定格式、需求字數、內容的詳細程度以及是否需要提出佐證等，都是必須事先確認的部分。

④設定讀者樣貌。不要忘了隱藏讀者的存在

　　最後是設定讀者樣貌。除了自己設定的目標讀者，還有其他隱藏讀者的存在，例如目標讀者報告的對象等，就是必須考慮到的隱藏讀者。

明確釐清「③書寫者」的立場

書寫者	釐清書寫者立場時使用的判斷項目（範例）
報告的定位	▶ 為誰（為何）而寫？（公司內部／外部、報告書） ▶ 文章會刊登出去嗎？（企業內部刊物、新聞報導、出版品） ▶ 正式文件？非正式文件？
書寫者的立場	▶ 站在下屬的立場向主管報告？ ▶ 站在主管的立場向下屬報告？ ▶ 專家的立場？還是一般人的立場？
形式	▶ 以Power Point為主，還是純文字為主？ ▶ 要使用表格嗎？還是不使用？ ▶ 文章內容份量是否有規定？
詳細程度	▶ 多詳細才符合規定？ ▶ 是否需要提出充足的事實或數據資料來佐證？

設定「④讀者」的樣貌（不要忘了隱藏讀者的存在）

讀者	設定讀者立場時使用的判斷項目（範例）
讀者是誰？	▶ 讀者是誰？（公司內部、公司外部、主管、下屬、非特定多數人） ▶ 目標讀者、隱藏讀者是誰？ ▶ 該讀者的屬性？（性別、年齡、興趣、生活樣貌）
讀者的立場	▶ 對讀者的基本知識？（讀者對專業術語的理解程度、讀者是否具備相關知識） ▶ 讀者是不是決策者？（決策的必要性） ▶ 讀者是不是想要了解更多相關知識？
形式	▶ 是否進行簡報？ ▶ 讀者會不會認真閱讀？ ▶ 讀者是否拘泥形式？
詳細程度	▶ 想要知道詳情？還是只想知道結論？ ▶ 是否應該另外製作摘要（主旨）？

55

透過金字塔結構整理階層構造

將結論和根據化為階層構造來武裝論述

●金字塔結構是用於說服的階層結構

為了能夠有邏輯地說服他人而使用的階層結構,稱之為金字塔結構(參照一五二頁)。**針對答案使用雙層結構,詳細說明根據,可以武裝你的論述,使論述更加堅不可摧。**

為了完成金字塔結構,首先必須針對問題提出明確的答案。接下來,**提出三個左右的根據,使答案具備說服力。**為了提升根據的說服力,再加入一層結構,**為每一項根據加入三個左右的詳細說明。**

另外,答案和根據之間,必須要能夠用So What?(所以,結論是什麼)/Why?(為什麼這麼說?)的關係來連結。同時,各個根據和支撐該根據的詳細根據,也同樣必須能夠以So What?/Why?的關係來連結(如右頁圖)。為了提高整體論述的完成度,請透過So What?/Why?來檢視論述當中的根據是否已經達到不重覆不遺漏的狀態(MECE原則)。

用於邏輯說服的階層結構：金字塔結構（多階層）

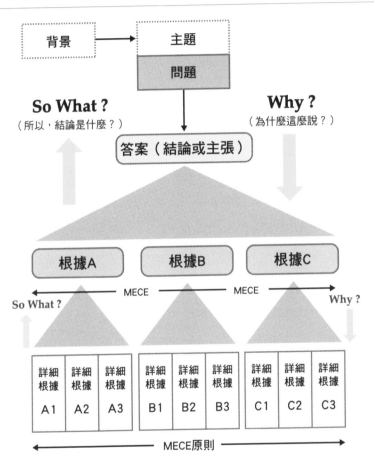

- 金字塔結構是將邏輯結構階層化的工具。
  - ①首先針對問題提出明確的答案（結論或主張）。
  - ②接下來提出三個左右的根據使答案具備說服力。
  - ③為了提升根據的說服力，再加入一層結構來詳細說明每一項根據。
- 透過So What?／Why?來檢視是否已經達到不重覆不遺漏的狀態。

●建立一個金字塔結構

藉由思考以下的範例問題，試著建立一個金字塔結構吧！問題與答案分別是：「最適合在公寓飼養的寵物是？」、「推薦飼養兔子」。右圖是透過解說型邏輯推演法製作而成的論述結構圖。解說型邏輯推演法是依照「判斷材料→判斷基準→判斷內容」的順序來排列「根據」的一種說服方法。

首先提出「判斷材料」，思考什麼樣的寵物適合飼養在公寓裡，並提出候補名單。接下來，統整三個左右的選擇標準，作為決定哪一種寵物最適合的判斷基準。最後，參考「判斷材料」與「判斷基準」，明確提出你的「判斷內容」。

於此同時，提出三個屬於判斷材料的詳細根據以達到MECE原則的狀態，分別是「可以養在房間的寵物」、「可以養在籠子裡的寵物」和「可以養在水槽裡的寵物」。

接下來是判斷基準，一樣提出三個詳細根據：「金錢考量」、「不費工夫的程度」和「想要抱著飼養的寵物來達到療癒效果」，以達到MECE原則的狀態。

最後是提出判斷內容，在這個階段，請參考你的判斷材料和判斷基準，然後做出判斷。從金錢方面來考量，飼養貓狗的開銷較大，而且訓練貓狗也相當費時費力。從想要抱著寵物達到療癒效果這個角度來考量，倉鼠或松鼠這類型的寵物又有點太好動了。**寫完後，徹底檢查完成的金字塔結構是否達到不重覆、不遺漏的狀態（MECE原則）**。

金字塔結構的填寫範例

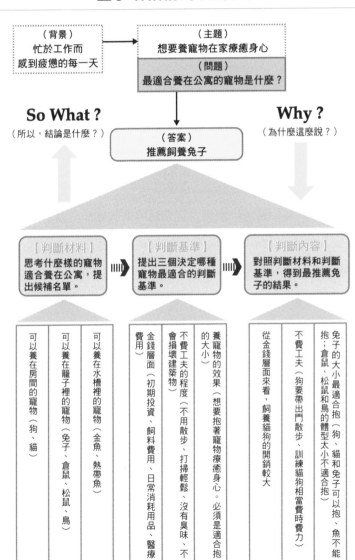

（背景）
忙於工作而
感到疲憊的每一天

（主題）
想要養寵物在家療癒身心

（問題）
最適合養在公寓的寵物是什麼？

So What ?
（所以，結論是什麼？）

Why ?
（為什麼這麼說？）

（答案）
推薦飼養兔子

【判斷材料】
思考什麼樣的寵物
適合養在公寓，提
出候補名單。

【判斷基準】
提出三個決定哪種
寵物最適合的判斷
基準。

【判斷內容】
對照判斷材料和判斷
基準，得到最推薦兔
子的結果。

可以養在房間的寵物（狗、貓）

可以養在籠子裡的寵物（兔子、倉鼠、松鼠、鳥）

可以養在水槽裡的寵物（金魚、熱帶魚）

金錢層面（初期投資、飼料費用、日常消耗用品、醫療費用）

不費工夫的程度（不用散步、打掃輕鬆、沒有臭味、不會損壞建築物）

養寵物的效果（想要抱著寵物療癒身心。必須是適合抱的大小）

從金錢層面來看，飼養貓狗的開銷較大

不費工夫（狗要帶出門散步、訓練貓狗相當費時費力）

兔子的大小最適合抱（狗、貓和兔子可以抱、魚不能抱；倉鼠、松鼠和鳥的體型太小不適合抱）

56

【表達順序①】
從結論開始發展論述的方法

書寫順序：「背景→主題→問題→答案→根據」

●先提出結論：由上而下的邏輯敘事

藉由金字塔結構，一起試著思考書寫文章的方法吧。首先思考看看，如果從結論開始書寫，該如何發展論述。

參考單層的金字塔結構（右頁上圖）。**首先，依照順序寫下「背景→主題→問題」。**

先提結論的時候，一定要先明確提出問題，再寫下問題的答案（結論）。先告訴讀者答案之後，再提出三個左右的根據。提出根據，使答案足以說服讀者，然後在文章的最後寫下總結。在總結的部分，則以「基於以上三個根據，可以得出這個結論」的方式來呈現。**所謂的總結，就是把寫好的文章內容再重新複習並確認一遍。**

即使是多層次的金字塔結構也一樣，到提出答案之前的步驟，都照上述流程書寫。然後在後續根據的部分，建議用「大致有三個理由」的寫法，**把三個左右的根據從頭到尾詳細說明一遍。**

從結論開始發展論述的方法／金字塔結構（單層）

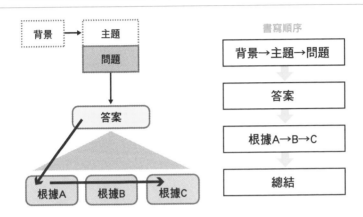

書寫順序

背景→主題→問題

↓

答案

↓

根據A→B→C

↓

總結

從結論開始發展論述的方法／金字塔結構（多層）

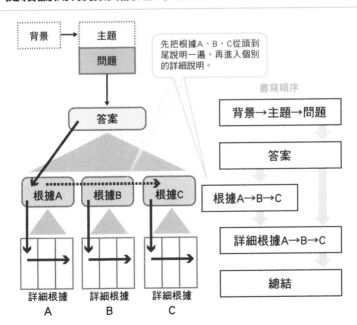

先把根據A、B、C從頭到尾說明一遍，再進入個別的詳細說明。

書寫順序

背景→主題→問題

答案

根據A→B→C

詳細根據A→B→C

總結

●以結論開頭並完成文章

請參考右頁圖表，在圖表裡排列著寫文章的順序，也就是背景→主題→問題→答案→根據。只要按照這個順序書寫，就可以完成一篇邏輯清晰的文章。

「在充滿壓力的現代社會，工作壓力導致疲勞不斷累積，有時候也需要轉換一下心情。然而即使是為了抒發壓力，也不能花費太多開銷。所以，要不要試著在家飼養對抒發壓力有幫助的寵物呢？

由於現代人大多居住在公寓裡，一起來思考看看公寓適合飼養的寵物吧！我推薦各位選擇兔子。推薦的理由，大致可以區分三個。」

如上述一般，在提出答案之後，再依照順序說明根據和詳細根據。第一個根據，舉出公寓裡可以飼養的寵物清單，作為判斷材料。第二個根據，為了判斷哪一種動物最適合當寵物，寫下你的判斷基準。接下來第三個根據，請對照判斷材料和判斷基準，寫下判斷內容。最後把整體內容簡單複習一次，從整體的角度檢查你提出的答案是否具備說服力。

寫出好懂文章的祕訣，在於編號。透過活用編號，可以使文章變得更好理解。「～有三個」、「第一個是～」、「第二個是～」、「第三個是～」以及「以上，○、○、○這三個～」，用這樣的方式為內容編號。

試著以結論開頭並完成文章吧！

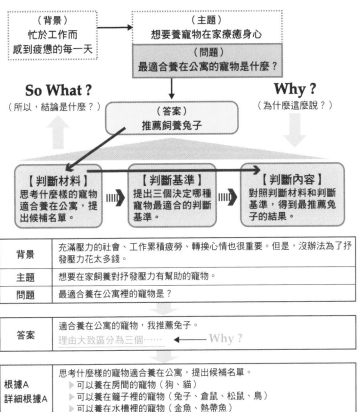

背景	充滿壓力的社會、工作累積疲勞、轉換心情也很重要。但是，沒辦法為了抒發壓力花太多錢。
主題	想要在家飼養對抒發壓力有幫助的寵物。
問題	最適合養在公寓裡的寵物是？

答案	適合養在公寓的寵物，我推薦兔子。 理由大致區分為三個…… ← Why？

根據A 詳細根據A	思考什麼樣的寵物適合養在公寓，提出候補名單。 ▶ 可以養在房間的寵物（狗、貓） ▶ 可以養在籠子裡的寵物（兔子、倉鼠、松鼠、鳥） ▶ 可以養在水槽裡的寵物（金魚、熱帶魚）

根據B 詳細根據B	提出三個決定哪種寵物最適合的判斷基準。 ▶ 金錢層面（初期投資、飼料費用、日常消耗用品、醫療費用） ▶ 不費工夫的程度（不用散步、打掃輕鬆、沒有臭味、不會損壞建築物） ▶ 養寵物的效果（想要抱著寵物療癒身心。必須是適合抱的大小）

根據C 詳細根據C	對照判斷材料和判斷基準，得到最推薦兔子的結果。 ▶ 從金錢層面來看，飼養貓狗的開銷較大 ▶ 不費工夫（狗要帶出門散步、訓練貓狗相當費時費力） ▶ 兔子可以抱（倉鼠、松鼠和鳥的體型太小）

57

【表達順序②】

最後提出結論的論述發展方法

書寫順序：「背景→主題→問題→根據→答案」

●最後才提出結論：由下而上的邏輯敘事

最後才提出結論的狀況下，該如何透過金字塔結構來完成文章？一起試著思考書寫文章的方法吧！

參考單層的金字塔結構（右頁上圖）。首先，依照順序寫下「背景→主題→問題」。

結論最後再提的狀況，在明確提出問題之後，立刻開始說明根據。答案（同時也是結論）必須在根據完全說明完畢之後再揭露。

接續一開始的提問，緊接著提出三個左右的根據。並在結束根據的說明之後寫下答案。這種書寫方式可以讓讀者在閱讀根據的時候，產生「原來如此、的確是這樣呢」的想法，使讀者自然而然地往書寫者誘導的答案靠攏。然後，作為文章的收束與總結，再以「基於以上三個根據，可以得出這個結論」的方式來揭露答案。

那麼，如果是多層次的金字塔結構，該依照什麼樣的順序來寫文章比較好（右頁下圖）？明確提出問題之後，逐項說明所有根

最後提出結論的論述發展方法

金字塔結構（單層）的狀況

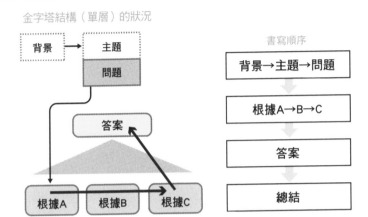

金字塔結構（多層）的狀況

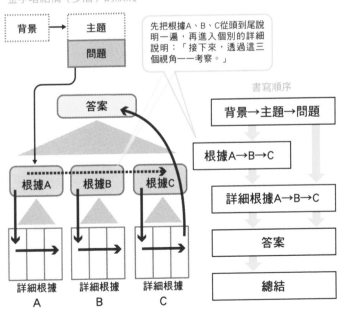

先把根據A、B、C從頭到尾說明一遍，再進入個別的詳細說明：「接下來，透過這三個視角一一考察。」

據。寫下「可以透過三個重點來思考這個問題」作為開頭，事先提出三個根據，然後再說明詳細根據，可以幫助讀者更快理解文章的整體內容。

●把結論放在最後並完成文章

請參考右頁圖表，在圖表裡面，排列著寫文章的順序，也就是背景→主題→問題→根據→答案。只要按照這個順序書寫，就可以完成一篇邏輯清晰的文章。

緊接著一開始的問題，逐項說明所有的根據和詳細根據。第一個根據，舉出公寓裡可以飼養的寵物清單，作為判斷材料。第二個根據，為了判斷哪一種動物最適合當寵物，寫下你的判斷基準。接下來第三個根據，請對照判斷材料和判斷基準，寫下你的判斷內容。

所有根據都寫出來之後，再提出答案。最後作為總結，把整體的內容簡單複習一次，並向讀者確認提出的答案是否具備說服力。

試著把結論放在最後並完成文章吧！

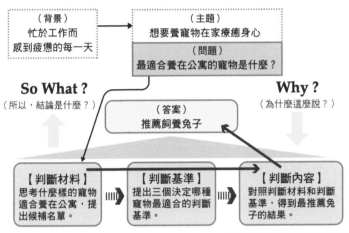

背景	充滿壓力的社會、工作累積疲勞、轉換心情也很重要。但是，沒辦法為了抒發壓力花太多錢。
主題	想要在家飼養對抒發壓力有幫助的寵物。
問題	最適合養在公寓裡的寵物是？

根據A 詳細根據A	思考什麼樣的寵物適合養在公寓，提出候補名單。 ▶ 可以養在房間的寵物（狗、貓） ▶ 可以養在籠子裡的寵物（兔子、倉鼠、松鼠、鳥） ▶ 可以養在水槽裡的寵物（金魚、熱帶魚）

根據B 詳細根據B	提出三個決定哪種寵物最適合的判斷基準。 ▶ 金錢層面（初期投資、飼料費用、日常消耗用品、醫療費用） ▶ 不費工夫的程度（不用散步、打掃輕鬆、沒有臭味、不會損壞建築物） ▶ 養寵物的效果（想要抱著寵物療癒身心。必須是適合抱的大小）

根據C 詳細根據C	對照判斷材料和判斷基準，得到最推薦兔子的結果。 ▶ 從金錢層面來看，飼養貓狗的開銷較大 ▶ 不費工夫（狗要帶出門散步、訓練貓狗相當費時費力） ▶ 兔子可以抱（倉鼠、松鼠和鳥的體型太小）

答案	根據上述理由，選擇適合養在公寓的寵物時，我推薦兔子。 費用低廉、不費工夫、抱起來大小適中，讓人感到相當療癒。

58

透過階層化，
讓目次變得「清晰可見」

目次完成後，為每項標題附註關鍵字

●根據金字塔結構書寫標題

對金字塔結構的書寫步驟有了基本理解之後，下一步就是建立目次。**書寫文章時，最重要的一件事就是事先建立目次（標題的集合）。**

愈來愈擅長書寫文章之後，就可以在沒有事先構思金字塔結構的狀況下直接完成目次。只要在腦中想著金字塔結構，就能完成目次。建立目次時，橫式書寫是比較容易的書寫方式。

接下來，試著將金字塔結構轉換為目次吧！建立目次時，會為每個標題編號。透過編號，就能簡單俐落地完成目次。例如，可以將大標題編號為「1.」，中標題編號為「(1)」，而小標題則編號為「①」。另外，也可以**透過把中標題往右移動一格、小標題往右移動兩格的方式，將文章結構視覺化。**

●為每個標題附註關鍵字以確保內容

文章完成後，如果有不需要的標題，直接刪掉也沒關係。對

將文章分解為目次（標題）

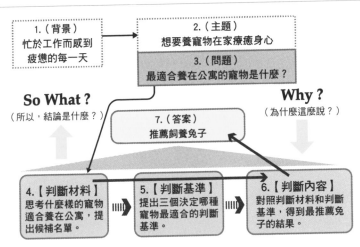

1.（背景）
忙於工作而感到疲憊的每一天

2.（主題）
想要養寵物在家療癒身心

3.（問題）
最適合養在公寓的寵物是什麼？

So What？
（所以，結論是什麼？）

Why？
（為什麼這麼說？）

7.（答案）
推薦飼養兔子

4.【判斷材料】
思考什麼樣的寵物適合養在公寓，提出候補名單。

5.【判斷基準】
提出三個決定哪種寵物最適合的判斷基準。

6.【判斷內容】
對照判斷材料和判斷基準，得到最推薦兔子的結果。

透過金字塔結構建立目次

透過編號可以使文章結構階層化，讓目次變得「清晰可見」。

如果有不需要的標題，只要在寫好文章之後刪掉就好。

最後加入「總結」收束整體內容。

1. 忙於工作而感到疲憊的每一天
2. 想要養寵物在家療癒身心
3. 思考最適合養在公寓的寵物是什麼
4. 思考什麼樣的寵物適合養在公寓
   (1)可以養在房間的寵物
   (2)可以養在籠子裡的寵物
   (3)可以養在水槽裡的寵物
5. 決定寵物的判斷基準
   (1)金錢層面
   (2)不費工夫
   (3)想要抱著寵物療癒身心
6. 兔子最合適的理由
   (1)從金錢層面來看比貓狗有利
   (2)從訓練或費工的層面來看也比貓狗有利
   (3)倉鼠和鳥的體型大小不適合抱
7. 就養寵物來說最推薦兔子
8. 飼養兔子的注意事項

● 即使是不需要標題的文章，先寫標題再寫文章也是比較好的做法。
● 文章完成後，如果有不需要的標題再刪掉就好。

書寫者來說，標題寫得愈詳細愈好寫，但是**對讀者來說，標題縮減到適當數量則更加好讀。為讀者留下的標題，一般來說，以五百字左右搭配一個標題為基準。**

目次完成後，請為每個標題附註關鍵字。所謂的關鍵字，是可以幫助回想起內容的詞彙。書寫文章時，加上一些詞彙作為關鍵字，可以幫助回憶起要寫的內容。

例如，在「1. 忙於工作而感到疲憊的每一天」的標題旁邊，寫下「成果主義」、「加班」和「連抱怨都不行」等關鍵字。有了關鍵字，就能幫助你在寫文章的時候回想起要寫的內容。透過修改標題和關鍵字，可以幫助你釐清自己要寫什麼。不要在正式寫文章的時候修改標題和關鍵字，請**在書寫之前修改好，可以提升文章的完成度。**

另外，如果要寫的文章是四百字以內的短文，就不需要為了文章先寫標題。但是，請依照文章順序寫下關鍵字來取代標題。

註記關鍵字，可以讓書寫的內容更具體

為每個標題註記關鍵字

1. 忙於工作而感到疲憊的每一天
   成果主義、加班、連抱怨都不行、無法轉換心情、孤獨、憂鬱症患者增加
2. 想要養寵物在家療癒身心
   寵物熱潮、想養寵物、不想花太多錢和心力、住公寓
3. 思考最適合養在公寓的寵物是什麼
   想養小動物、除了爬蟲類和昆蟲類以外、不希望打擾到鄰居
4. 思考什麼樣的寵物適合養在公寓
   小動物的種類、受歡迎的小動物、跟寵物相關的各種資訊
   (1) 可以養在房間的寵物
       貓、狗。貓狗的飼養方法、優缺點、貓狗的各種相關資訊
   (2) 可以養在籠子裡的寵物
       兔子、松鼠、鳥。兔子、松鼠和鳥的飼養方法、優缺點、各種相關資訊
   (3) 可以養在水槽裡的寵物
       金魚、熱帶魚。金魚、熱帶魚的飼養方法、優缺點、魚的各種相關資訊
5. 決定寵物的判斷基準
   金錢、費工夫的程度、想要抱著寵物療癒身心
   (1) 金錢層面
       初期投資、寵物的費用、飼養寵物需要的道具、飼料費、消耗品、醫藥費
   (2) 不費工夫的程度
       散步、打掃、消臭、不會損害建築物和裝潢
   (3) 想要抱著寵物療癒身心
       放在膝蓋上大小適中、毛茸茸、對人類有反應
6. 兔子最合適的理由
   寵物的綜合評價、金錢、費工夫的程度、抱起來大小適中
   (1) 從金錢層面來看比貓狗有利
       貓狗要花數萬元日幣以上、兔子5000元日幣、松鼠、鳥、魚的價格
   (2) 從訓練或費工的層面來看也比貓狗有利
       飼養貓狗訓練很重要、狗要散步、兔子和松鼠要打掃籠子、魚要換水
   (3) 倉鼠、松鼠和鳥的體型太小不適合抱
       倉鼠、松鼠和鳥體型太小而且動作敏捷、魚只能觀賞
7. 就養寵物來說最推薦兔子
   寵物的綜合評價。金錢、花費的工夫、適合抱的大小，統整推薦兔子的理由
8. 飼養兔子的注意事項
   飼養兔子的注意事項。夜行性、牙齒長很快、雄兔不能養在同一個籠子裡

只要能寫出跟上述一樣詳細的標題和關鍵字，
文章內容就會更加明確。

59

【步驟①】
設定溝通條件

明確指出「背景」、「主題和問題」、「書寫者」和「讀者」

●寫下一篇填滿兩張稿紙（八百字左右）的文章

這一節將介紹如何寫下一篇填滿兩張稿紙（八百字左右）的文章，並介紹書寫的步驟。範例主題是「推薦實行個人的日光節約時間」。文章的書寫順序為「設定溝通條件→建立金字塔結構→建立目次→完成文章→校對」。

首先，設定溝通條件，讓「背景」、「主題和問題」、「書寫者」和「讀者」這四個條件更加明確。

針對「背景」，嘗試思考以下三點。第一，公司導入彈性工時、裁量勞動制[注]；第二，錯過與家人相處的時間；第三，早上於尖峰時間通勤造成的疲憊導致工作效率低落。

接下來思考「主題和問題」的部分。主題是「推薦實行個人的日光節約時間」，也就是針對所有的個人生活習慣，實施日光節約時間。早一個小時進公司，同時也早一個小時回家。問題是，為什麼比別人早睡早起是更好的選擇？如果不能回答這個問題，就不能說服他人相信，實行個人日光節約時間是值得推薦的。

寫滿兩張稿紙（八百字）／設定溝通條件

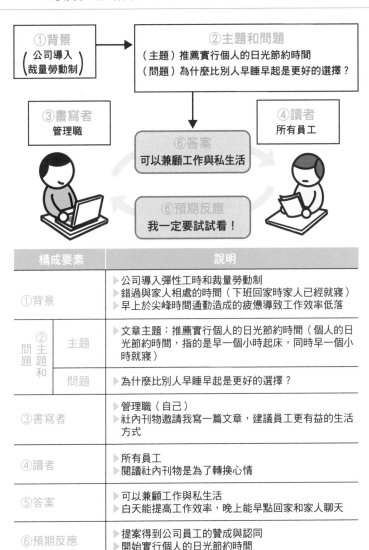

構成要素		說明
①背景		▶公司導入彈性工時和裁量勞動制 ▶錯過與家人相處的時間（下班回家時家人已經就寢） ▶早上於尖峰時間通勤造成的疲憊導致工作效率低落
②問題和主題	主題	▶文章主題：推薦實行個人的日光節約時間（個人的日光節約時間，指的是早一個小時起床，同時早一個小時就寢）
	問題	▶為什麼比別人早睡早起是更好的選擇？
③書寫者		▶管理職（自己） ▶社內刊物邀請我寫一篇文章，建議員工更有益的生活方式
④讀者		▶所有員工 ▶閱讀社內刊物是為了轉換心情
⑤答案		▶可以兼顧工作與私生活 ▶白天能提高工作效率，晚上能早點回家和家人聊天
⑥預期反應		▶提案得到公司員工的贊成與認同 ▶開始實行個人的日光節約時間

書寫者應該是受到公司社內刊物的委託，必須寫一篇文章，建議員工更有益的生活方式。讀者應該是公司的全體員工，他們閱讀社內刊物是為了轉換心情。問題的答案，可以幫助員工兼顧工作與私生活。預期的反應，則是期待有員工贊成提案，開始實行個人的日光節約時間。

●執筆準備

　　首先，思考看看如果是八百字長度的文章該如何書寫？**如果書寫的長度約八百字，一行設定為二十個字，大約五～六行左右就換行，可以使文章變得更好讀。**換行大約七次左右，所以也要想出大概七個左右的標題。另外，文章如果只有八百字左右的長度，可以在寫好之後把所有標題都刪除。所以，書寫者可以只從方便書寫的角度來考慮文章標題。

　　另外，寫目次之前，可以先準備一張A3大小的白紙，思考文章裡要寫什麼內容，然後**寫下關鍵字，一邊寫一邊整理，最後統整出三個左右的根據。**

注：日本的裁量勞動制不按實際的工時計酬，有點像台灣的責任制。

八百字長度

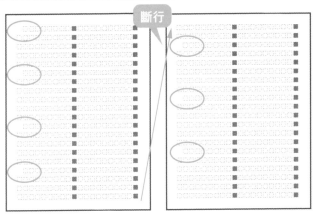

斷行

- 因為文章很短，一行設定二十字，整篇文章設定為二十字×四十行。
- 例如，每一段在五～六行左右斷行，整篇文章由七個段落構成。

寫目次前的執筆準備：你要寫什麼？先試著寫下關鍵字

白天有良好的工作效率

提高工作效率

可以集中精神

個人的日光節約時間是？

早晨空氣清新

減輕因為通勤造成的疲勞

導入彈性工時

導入裁量勞動制

白天的電話少

跟家人聊天

需要做判斷的業務在
早上處理較好

經驗談

盡量在中午前
讓工作告一段落

偶爾準時下班

成功的例子

一邊寫關鍵字一邊整理，最後統整出三個左右的根據。

60

【步驟②】
完成說服他人的敘事結構

精準運用並列型和解說型

●建立一個並列型的金字塔結構

以「推薦實行個人的日光節約時間」為主題,建立一個金字塔結構。**列出三個左右的根據之後,可以透過並列型和解說型這兩種方式來建立金字塔結構。**首先,運用MECE原則蒐集三個左右的根據,並建立一個並列型的金字塔結構。

針對「為什麼比別人早睡早起是更好的選擇?」這個問題,思考並提出以下三個根據:「空曠的電車讓通勤變得輕鬆」、「清晨工作能集中精神」和「生活更有節奏感」。

首先,第一個根據是「空曠的電車讓通勤變得輕鬆」,如果再深入思考,具體來說就是可以避開通勤的尖峰時間,減輕通勤造成的疲勞。第二個根據是「清晨工作能集中精神」,早上九點之前幾乎沒有電話,上午工作即使面對複雜的事情也能迅速解決等。第三個根據是「生活更有節奏感」,早點回家就能跟家人團聚,並且擁有自己的時間。

建立一個並列型的金字塔結構

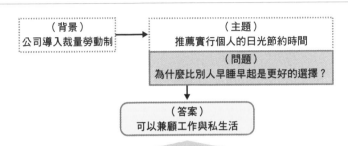

（背景）
公司導入裁量勞動制 → （主題）
推薦實行個人的日光節約時間

（問題）
為什麼比別人早睡早起是更好的選擇？

（答案）
可以兼顧工作與私生活

並列型
並列型的金字塔結構必須符合MECE原則

根據A 空曠的電車 讓通勤變得輕鬆	根據B 清晨工作 能集中精神	根據C 生活 更有節奏感
▶ 避開通勤尖峰時間 ▶ 避免電車擁擠造成的通勤壓力 ▶ 減輕疲勞 ▶ 最棒的是通勤時能坐下 ▶ 可以在電車上閱讀報紙 ▶ 可以度過涼爽的夏日早晨 ▶ 冬天非常冷，但也不需要擠在滿員電車上滿身大汗 ▶ 到公司時不覺疲累	▶ 早上九點之前幾乎沒有電話 ▶ 早到的同事很少，不容易被談話打斷 ▶ 早上很安靜 ▶ 早上主管不在，可以放鬆工作 ▶ 輕鬆安排工作行程 ▶ 根據神經生理學，人的頭腦在中午之前反應速度較快 ▶ 上午工作即使面對複雜的事也能不慌亂地迅速解決	▶ 早上空氣清新，能保持好心情 ▶ 可以提早下班回家 ▶ 可以多陪家人 ▶ 可以在子女就寢前回到家 ▶ 可以多和家人聊天 ▶ 有時間看電視轉換心情 ▶ 早一點吃晚餐對身體好 ▶ 早一點睡更容易熟睡 ▶ 清早上班的同事們有更高的團隊意識 ▶ 認識到生活節奏的重要性

將根據當中的具體項目一一列舉出來，可以使論述「被看見」（直接把想到的內容列出來也可以）。

●建立一個解說型的金字塔結構

接下來，試著建立一個解說型的金字塔結構吧！**需要完全說服他人時，解說型金字塔結構是比較有效的解說方式。**在解說型的結構當中，會依照「判斷材料→判斷基準→判斷內容」的順序來排列「根據」，因此可以建立一個能夠逐步說明、循序漸進的金字塔結構。

在判斷材料方面，考量「活用時間的狀況」，判斷基準則是「提高工作效率與充實個人私生活的條件」，而判斷內容則是以「兼顧工作與私生活」作為根據。

首先，試著列舉活用時間的狀況作為具體例子，作為第一個根據，同時也是結構當中的判斷材料。例如：導入彈性工時、早上的電車較空曠等。

第二個根據，試著舉出哪些條件可以提高工作效率與充實個人私生活，作為判斷基準。例如：能夠兼顧工作和私生活是相當值得慶幸的事；被工作追著跑的日子，不管是身體或心靈的狀況都會惡化等。

第三個根據是判斷內容，試著舉出一些具體例子，來支持必須兼顧工作和私生活的論述。例如，可以花更多時間在工作效率高的上午處理工作等。

建立一個解說型的金字塔結構

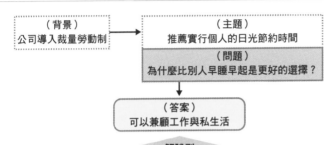

（背景）
公司導入裁量勞動制

（主題）
推薦實行個人的日光節約時間

（問題）
為什麼比別人早睡早起是更好的選擇？

（答案）
可以兼顧工作與私生活

解說型
依照「判斷材料→判斷基準→判斷內容」的順序來排列根據

根據A（判斷材料） 活用時間的狀況	根據B（判斷基準） 提高工作效率與充實個人私生活的條件	根據C（判斷內容） 兼顧工作與私生活
▸導入彈性工時 ▸導入裁量勞動制 ▸習慣之前很難早起 ▸早點睡就能早點起床 ▸早上的電車很空曠 ▸與其搭滿員電車，不如在空曠時候通勤比較不會累 ▸早上進公司的人少，環境較安靜 ▸早上幾乎沒有電話 ▸根據神經生理學，人的頭腦在中午之前反應速度較快 ▸早點上班，也比較能理直氣壯早點下班 ▸早點回到家，家人都還醒著	▸工作效率高比較好 ▸兼顧工作和私生活是很令人慶幸的事 ▸被工作追著跑會導致身心狀況惡化 ▸可以的話，希望能按照自己的步調工作 ▸希望能在安靜的環境工作 ▸平常也需要多跟家人聊天交流 ▸如果能夠兼顧工作和家庭，也可以拓展自己的視野 ▸擁有稍微停下來思考一下的時間，對自己也比較有利	▸花更多時間在工作效率高的上午處理工作 ▸早一小時進公司，早一小時回家 ▸早一小時入睡，早一小時起床 ▸平常多跟家人聊天交流也很重要 ▸透過實行個人的日光節約時間，取回自己的時間

將根據當中的具體項目一一列舉出來，可以使論述「被看見」（直接把想到的內容列出來也可以）。

61

【步驟③】

整理標題，建立目次

推薦順序：「背景→主題和問題→答案→根據→總結」

●整理並列型的目次（標題的集合）

參考金字塔結構，試著整理出目次（標題的集合）吧！首先，參考並列型的金字塔結構，試著整理出目次。接下來將統一以「一開始先提出結論或主張（答案）」的方式，說明如何建立目次。並且以並列型和解說型這兩個不同的結構為中心，分別說明兩者建立目次的方法以及不同之處。

在排列標題時，建議以「背景→主題和問題→答案（結論或主張）→根據→總結」的順序來進行。最後透過總結，讓讀者有機會再次確認整體內容。

第一個標題是「1. 公司導入裁量勞動制」，透過提出「背景」作為開場白。第二個標題使用「2. 為什麼比別人早睡早起是更好的選擇？」來提示「主題和問題」。第三個標題請提出「答案」，也就是「3. 實行個人的日光節約時間，可以兼顧工作與私生活」。

第四到第六個標題，請列出「根據」。即為「4. 第一，空曠

嘗試整理並列型的目次（標題的集合）

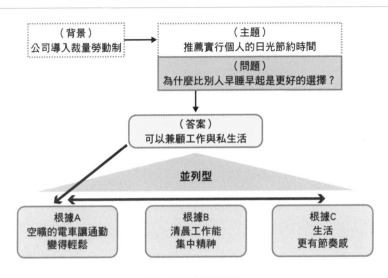

| （背景）
公司導入裁量勞動制 | → | （主題）
推薦實行個人的日光節約時間 |

（問題）
為什麼比別人早睡早起是更好的選擇？

（答案）
可以兼顧工作與私生活

並列型

| 根據A
空曠的電車讓通勤
變得輕鬆 | 根據B
清晨工作能
集中精神 | 根據C
生活
更有節奏感 |

建立目次（解說型）

推薦實行個人的日光節約時間

1. 公司導入裁量勞動制
2. 為什麼比別人早睡早起是更好的選擇？
3. 實行個人的日光節約時間，可以兼顧工作與私生活
4. 第一，空曠的電車讓通勤變得輕鬆
   ▶ 避免在尖峰時間通勤造成的壓力
   ▶ 減輕早上通勤產生的疲勞
   ▶ 可以在空曠的電車上閱讀報紙
5. 第二，清晨工作能集中精神
   ▶ 早上九點之前沒有電話
   ▶ 早上的公司很安靜有助於集中精神
   ▶ 人的頭腦在中午之前反應速度較快
6. 第三，生活更有節奏感
   ▶ 早上空氣清新，能保持好心情
   ▶ 晚上可以見到家人，也能多和家人聊天
   ▶ 認識到生活節奏的重要性
7. 首先，試著實行個人的日光節約時間吧

> 因為不需要太多贅述，只要列出項目就好（內容太多也沒辦法全部列出來）。

> 不需要特地追加關鍵字（因為已經可以藉此看出整體內容）。

的電車讓通勤變得輕鬆」、「5. 第二，清晨工作能集中精神」和
「6. 第三，生活更有節奏感」這三個標題。最後作為「總結」，以
「7. 首先，試著實行個人的日光節約時間吧」來總結整篇文章。

●整理解說型的目次（標題的集合）

　　用同一個主題，試著完成解說型的目次吧！標題的排列順
序，與並列型的目次相同，建議以「背景→主題和問題→答案（結
論或主張）→根據→總結」的順序來進行。

　　第一到第三個標題，都與並列型目次相同。第四到第六個標
題，請列出「根據」。並列型和解說型之間的差異在於「根據」。
因此在第四到第六個標題，請列出解說型金字塔結構當中的根據，
也就是「4. 活用時間的狀況」、「5. 提高工作效率與充實個人私生
活的條件」和「6. 兼顧工作與私生活」。

　　第七個標題，也是最後一個標題，請寫下整體內容的「總
結」，也就是「7. 首先，試著實行個人的日光節約時間吧」，來為
整篇文章做結尾。

嘗試整理解說型的目次（標題的集合）

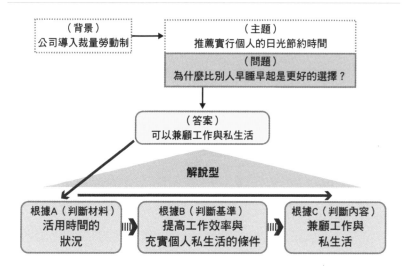

建立目次（解說型）

推薦實行個人的日光節約時間

1. 公司導入裁量勞動制
2. 為什麼比別人早睡早起是更好的選擇？
3. 實行個人的日光節約時間，可以兼顧工作與私生活
4. 活用時間的狀況
   ▶ 早上的電車很空曠
   ▶ 早上的公司很安靜有助於集中精神
   ▶ 早點回到家，家人都還醒著
5. 提高工作效率與充實個人私生活的條件
   ▶ 工作效率高比較好
   ▶ 兼顧工作和私生活是很令人慶幸的事
   ▶ 平常也需要多跟家人聊天交流
6. 兼顧工作與私生活
   ▶ 花更多時間在效率高的上午處理工作
   ▶ 早一小時入睡並且早一小時起床，可以擠出更多時間
   ▶ 透過實行個人的日光節約時間，來取回自己的時間
7. 首先，試著實行個人的日光節約時間吧

> 這三個標題改為列出解說型的根據。

> 不需要太多贅述，所以不用特地追加關鍵字（因為已經可以藉此看出整體內容）。

62

【步驟④】

書寫一篇完整文章

請參考目次和金字塔結構

● 試著書寫一篇完整的文章

①並列型

接下來，參考目次和金字塔結構，試著寫一篇完整的文章吧！首先，透過並列型的目次來完成。一篇八百字的文章，必須放入七個標題，因此，每個標題約安排一百二十個字，用這樣的方式來寫就可以了。針對「1. 公司導入裁量勞動制」這個標題，寫下「本公司從今年四月開始，導入彈性工時和裁量勞動制。藉由此次機會，希望各位試著思考如何運用自己的時間」作為開場白，介紹此次主題的背景。

接著丟出以下疑問：「2. 為什麼比別人早睡早起是更好的選擇？」然後針對「3. 實行個人的日光節約時間，可以兼顧工作與私生活」這個回答問題的標題，寫下符合標題的文字。「實行個人的日光節約時間，可以賦予生活節奏感，讓你得以兼顧工作和私生活」，只要如上述一樣，主張你的答案就可以了。

接下來，為了說服讀者，提出「4. 第一，空曠的電車讓通勤

透過並列型的標題書寫文章（字數：20字×40行）

推薦實行個人的日光節約時間

1. 公司導入裁量勞動制

本公司從今年四月開始，導入彈性工時和裁量勞動制。藉由此次機會，希望各位試著思考如何運用自己的時間。

2. 為什麼比別人早睡早起是更好的選擇？

建議各位可以早一點起床上班，晚上早一點回家。我從三年前開始，就過著清晨五點起床、晚上十點睡覺的生活。不過，為什麼比別人早睡早起是更好的選擇？

3. 實行個人的日光節約時間，可以兼顧工作與私生活

早一點起床進公司，是一個重新審視自己如何運用時間的機會。早一小時進公司、早一小時回家，我把這個方法稱之為「個人的日光節約時間」。實行個人的日光節約時間，可以賦予生活節奏感，讓你得以兼顧工作和私生活。怎麼說呢？

4. 第一，空曠的電車讓通勤變得輕鬆

第一個理由是空曠的電車讓通勤變得輕鬆。通勤避開尖峰時間，可以減輕通勤造成的壓力。另外，不只能減輕早上的通勤疲勞，同時也能讓自己靜下心來，利用手機閱讀新聞。

5. 第二，清晨工作能集中精神

第二個理由是在清晨工作有助於集中精神。因為九點之前幾乎沒有電話，早上的公司相當安靜，有助於集中精神。另外，據說人的頭腦在中午之前的反應速度較午後來得快。

6. 第三，生活更有節奏感

第三個理由是可以讓生活更有節奏感。早上的空氣清新，使人心情愉快，整個人也因此感覺煥然一新。另外，晚上可以在家人還未就寢的時間回到家，可以自然地和家人聊天交流。特地早一個小時起床，可以讓我們認識到生活節奏的重要性。

7. 首先，試著實行個人的日光節約時間吧

根據以上幾點，實行早一個小時上班、早一個小時下班的個人日光節約時間，可以讓生活更有節奏感。就當作是被騙，請試著實行個人的日光節約時間吧！如果覺得這個方法不錯，就當試看看。若是效果不好，再恢復原狀也沒有關係。

文章完成之後，再把多餘的標題刪除。

推薦實行個人的日光節約時間

本公司從今年四月開始，導入彈性工時和裁量勞動制。藉由此次機會，希望各位試著思考如何運用自己的時間。

建議各位可以早一點起床上班，晚上早一點回家。我從三年前開始，就過著清晨五點起床、晚上十點睡覺的生活。不過，為什麼比別人早睡早起是更好的選擇？

早一點起床進公司，是一個重新審視自己如何運用時間的機會。早一小時進公司、早一小時回家，我把這個方法稱之為「個人的日光節約時間」。實行個人的日光節約時間，可以賦予生活節奏感，讓你得以兼顧工作和私生活。怎麼說呢？

第一個理由是空曠的電車讓通勤變得輕鬆。通勤避開尖峰時間，可以減輕通勤造成的壓力。另外，不只能減輕早上的通勤疲勞，同時也能讓自己靜下心來，利用手機閱讀新聞。

第二個理由是在清晨工作有助於集中精神。因為九點之前幾乎沒有電話，早上的公司相當安靜，有助於集中精神。另外，據說人的頭腦在中午之前的反應速度較午後來得快。

第三個理由是可以讓生活更有節奏感。早上的空氣清新，使人心情愉快，整個人也因此感覺煥然一新。另外，晚上可以在家人還未就寢的時間回到家，可以自然地和家人聊天交流。特地早一個小時起床，可以讓我們認識到生活節奏的重要性。

根據以上幾點，實行早一個小時上班、早一個小時下班的個人日光節約時間，可以讓生活更有節奏感。就當作是被騙，請試著實行個人的日光節約時間吧！如果覺得這個方法不錯，就當試看看。若是效果不好，再恢復原狀也沒有關係。

※日文翻成中文後，字數會有落差。

變得輕鬆」、「5. 第二，清晨工作能集中精神」和「6. 第三，生活更有節奏感」等三個根據來說明。

最後，以這個標題「7. 首先，試著實行個人的日光節約時間吧」做總結，推薦實行個人日光節約時間的好處。

●試著書寫一篇完整的文章

②解說型

參考目次和金字塔結構，試著寫出一篇解說型的文章吧！解說型的文章，只有第四到第六個標題與並列型不同，在解說型的文章當中，這三個標題會改為列入「根據」。

第一個根據是「4. 活用時間的狀況」，在這個部分要說明活用時間的可能性，例如：「清晨通勤時，電車非常空曠，甚至可能靜下心來利用手機閱讀新聞。清晨的公司也幾乎沒有電話……」等。第二個根據是「5. 提高工作效率與充實個人私生活的條件」，提醒讀者確保個人私生活的時間也很重要。第三個根據則是「6. 可以兼顧工作與私生活」，這個部分要確立兼顧兩者的重要性，誘導讀者贊成實行個人日光節約時間，藉此取回自己的時間。

透過解說型的標題書寫文章（字數：20字×40行）

推薦實行個人的日光節約時間

1. 公司導入裁量勞動制
本公司從今年四月開始，導入彈性工時和裁量勞動制。藉由此次機會，希望各位試著思考如何運用自己的時間。

2. 為什麼比別人早睡早起是更好的選擇？
建議各位可以早一點起床上班，晚上早一點回家。我從三年前開始，就過著清晨五點起床、晚上十點睡覺的生活。不過，為什麼比別人早睡早起是更好的選擇？

3. 實行個人的日光節約時間，可以兼顧工作與私生活
早一點起床進公司，是一個重新審視自己如何運用時間的機會。早一小時進公司、早一小時回家，我把這個方法稱之為「個人的日光節約時間」。實行個人的日光節約時間，可以賦予生活節奏感，讓你得以兼顧工作和私生活。怎麼說呢？

4. 活用時間的狀況
清晨通勤時，電車非常空曠，甚至可以靜下心來，利用手機閱讀新聞。清晨的公司不僅沒有電話，人也很少，因此非常安靜，有助於集中精神。如果你比照進公司的時間早一點下班，就能在家人還未就寢的時間回到家。這麼一來就能多和家人聊天交流了。

5. 提高工作效率與充實個人私生活的條件
人生不是只有工作。確保擁有自己的個人時間是非常重要的。為了提升工作效率，努力確保和家人相處以及自己個人的時間，也是必要的不是嗎？如果能在中午前完成大部分的工作，那麼當天一整天，你的精神就能處在較為放鬆的狀態。

6. 可以兼顧工作與私生活
為了在中午之前完成大部分的工作，必須花更多時間在效率高的上午處理工作。中午之前的工作效率遠比下午來得更高。試著早一個小時入睡並且早一個小時起床，為自己在中午之前擠出額外的一小時如何？透過實行個人的日光節約時間，來取回自己的時間吧！

7. 首先，試著實行個人的日光節約時間吧
根據以上幾點，實行早一個小時上班、早一個小時下班的個人日光節約時間，可以讓生活更有節奏感。就當作是被騙，請試著實行個人的日光節約時間吧！

文章完成之後，再把多餘的標題刪除。

推薦實行個人的日光節約時間

本公司從今年四月開始，導入彈性工時和裁量勞動制。藉由此次機會，希望各位試著思考如何運用自己的時間。

建議各位可以早一點起床上班，晚上早一點回家。我從三年前開始，就過著清晨五點起床、晚上十點睡覺的生活。不過，為什麼比別人早睡早起是更好的選擇？

早一點起床進公司，是一個重新審視自己如何運用時間的機會。早一小時進公司、早一小時回家，我把這個方法稱之為「個人的日光節約時間」。實行個人的日光節約時間，可以賦予生活節奏感，讓你得以兼顧工作和私生活。怎麼說呢？

清晨通勤時，電車非常空曠，甚至可以靜下心來，利用手機閱讀新聞。清晨的公司不僅沒有電話，人也很少，因此非常安靜，有助於集中精神。如果你比照進公司的時間早一點下班，就能在家人還未就寢的時間回到家。這麼一來就能多和家人聊天交流了。

人生不是只有工作。確保擁有自己的個人時間是非常重要的。為了提升工作效率，努力確保和家人相處以及自己個人的時間，也是必要的不是嗎？如果能在中午完成大部分的工作，那麼當天一整天，你的精神就能處在較為放鬆的狀態。

為了在中午之前完成大部分的工作，必須花更多時間在效率高的上午處理工作。中午之前的工作效率遠比下午來得更高。試著早一個小時入睡並且早一個小時起床，為自己在中午之前擠出額外的一小時如何？透過實行個人的日光節約時間，來取回自己的時間吧！

根據以上幾點，實行早一個小時上班、早一個小時下班的個人日光節約時間，可以讓生活更有節奏感。就當作是被騙，請試著實行個人的日光節約時間吧！

※日文翻成中文後，字數會有落差。

這邊是跟並列型不同的部分。

63

【步驟⑤】
重讀一次，潤飾之後完成文章

檢查整篇文章的一致性，並進行文字校正

●對照金字塔結構，確認內容是否有矛盾之處

將寫好的文章拿來和金字塔結構的內容相比對，確認兩者是否一致。一旦習慣這樣的方式，就算不特地確認，也能確保兩者之間具備一致性。

更進一步來說，一旦愈來愈擅長書寫文章之後，即使沒有事先完成金字塔結構，也可以簡單地完成目次。

●針對「助詞」、「敬語」和「統一詞彙」等部分進
　行文字校正

①確認內容是不是一句話搭配一個訊息

如果把所有想要講的東西都塞在同一篇文章裡，很容易使文章變成一篇難以理解的長文。文章只要一長，讀者就必須集中心力去理解內容。留意文章是否符合一句話搭配一個訊息的原則。在文章當中，根據需求使用連接詞來銜接所有內容。

所有文章都是由四十個字左右的短句所組成。只要確保一句

試著校正並列型的文章

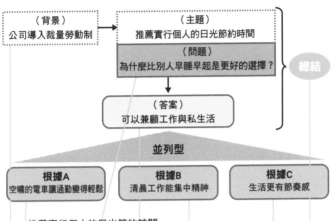

（背景）
公司導入裁量勞動制

（主題）
推薦實行個人的日光節約時間

（問題）
為什麼比別人早睡早起是更好的選擇？

總結

（答案）
可以兼顧工作與私生活

並列型

根據A
空曠的電車讓通勤變得輕鬆

根據B
清晨工作能集中精神

根據C
生活更有節奏感

推薦實行個人的日光節約時間

本公司從今年四月開始，導入彈性工時和裁量勞動制。藉由此次機會，希望各位試著思考如何運用自己的時間。

建議各位可以早一點起床上班，晚上早一點回家。我從三年前開始，就過著清晨五點起床、晚上十點睡覺的生活。不過，為什麼比別人早睡早起是更好的選擇？

早一點起床進公司，是一個重新審視自己如何運用時間的機會。早一小時進公司、早一小時回家，我把這個方法稱之為「個人的日光節約時間」。實行個人的日光節約時間，可以賦予生活節奏感，讓你得以兼顧工作和私生活。怎麼說呢？

第一個理由是空曠的電車讓通勤變得輕鬆。通勤避開尖峰時間，可以減輕通勤造成的壓力。另外，不只能減輕早上的通勤疲勞，同時也能讓自己靜下心來，利用手機閱讀新聞。

第二個理由是在清晨工作有助於集中精神。因為九點之前幾乎沒有電話，早上的公司相當安靜，有助於集中精神。另外，據說人的頭腦在中午之前的反應速度較下午來得快。

第三個理由是可以讓生活更有節奏感。早上的空氣清新，使人心情愉快，整個人也因此感覺煥然一新。另外，晚上可以在家人還未就寢的時間回到家，可以自然地和家人聊天交流。特地早一個小時起床，可以讓我們認識到生活節奏的重要性。

根據以上幾點，實行早一個小時上班、早一個小時下班的個人日光節約時間，可以讓生活更有節奏感。就當作是被騙，請試著實行個人的日光節約時間吧！如果覺得這個方法方不錯，就嘗試看看。若是效果不好，再恢復原狀也沒有關係。

● 確認文章與一開始的金字塔結構（單層）是否一致。
● 確認是否有錯字或缺字，文章內的用語是否統一。

話搭配一個訊息，就可以很簡單地在四十個字以內打上句點。**只要隨時告訴自己必須在四十個字以內打上句點，就可以寫出主詞、動詞清楚好懂又有節奏感的文章。**

②是否過度使用代名詞？

商業文書與文學作品不同，首重清晰易懂。如果過度使用「那個」、「這個」和「那邊那個」等代名詞，會讓讀者感到困惑。因為遇到這種狀況，就需要花時間回想先前的文章內容，或是回去重讀某些部分。因此，為了讓商業文書更清楚好懂，除非必要，請盡可能避免使用代名詞。

③是否存在讓讀者各自解讀的曖昧表達？

請盡全力避免太過曖昧的表達方式。如果使用解讀起來因人而異的術語，將會導致溝通不良。各位覺得「一大早開會」這句話是什麼意思？如果是同一個職場的定期例會，只說「一大早開會」大家應該就懂了吧。但是，如果參加該會議的成員來自不同公司或職場，每個人對於「一大早」這個時間點的解釋也會不同。統一詞彙也是至關重要的事。因此，平常就要謹慎留意，不要使用那些解釋會因人而異的詞彙。

試著校正解說型的文章

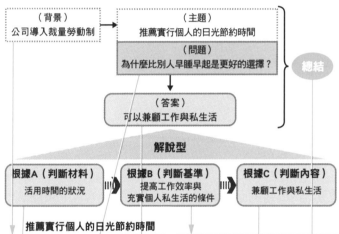

（背景）
公司導入裁量勞動制

（主題）
推薦實行個人的日光節約時間

（問題）
為什麼比別人早睡早起是更好的選擇？

總結

（答案）
可以兼顧工作與私生活

解說型

根據A（判斷材料）
活用時間的狀況

根據B（判斷基準）
提高工作效率與充實個人私生活的條件

根據C（判斷內容）
兼顧工作與私生活

推薦實行個人的日光節約時間

本公司從今年四月開始，導入彈性工時和裁量勞動制。藉由此次機會，希望各位試著思考如何運用自己的時間。

建議各位可以早一點起床上班，晚上早一點回家。我從三年前開始，就過著清晨五點起床、晚上十點睡覺的生活。不過，為什麼比別人早睡早起是更好的選擇？

早一點起床進公司，是一個重新審視自己如何運用時間的機會。早一小時進公司、早一小時回家，我把這個方法稱之為「個人的日光節約時間」。實行個人的日光節約時間，可以賦予生活節奏感，讓你得以兼顧工作和私生活。怎麼說呢？

清晨通勤時，電車非常空曠，甚至可以靜下心來，利用手機閱讀新聞。清晨的公司不僅沒有電話，人也很少，因此非常安靜，有助於集中精神。如果你比照進公司的時間早一點下班，就能在家人還未就寢的時間回到家。這麼一來就能多和家人聊天交流了。

人生不是只有工作。確保擁有自己的個人時間是非常重要的。為了提升工作效率，努力確保和家人相處以及自己個人的時間，也是必要的不是嗎？如果能在中午前完成大部分的工作，那麼當天一整天，你的精神就能處在較為放鬆的狀態。

為了在中午之前完成大部分的工作，必須花更多時間在效率高的上午處理工作。中午之前的工作效率遠比下午來得更高。試著早一個小時入睡並且早一個小時起床，為自己在中午之前擠出額外的一小時如何？透過實行個人的日光節約時間，來取回自己的時間吧！

根據以上幾點，實行早一個小時上班、早一個小時下班的個人日光節約時間，可以讓生活更有節奏感。就當作是被騙，請試著實行個人的日光節約時間吧！

● 確認文章與一開始的金字塔結構（單層）是否一致。
● 確認是否有錯字或缺字，文章內的用語是否統一。

64

社內文書、社外文書的書寫方式

收件人、日期、寄件人、標題等資訊必須確實書寫

●書寫聯絡用的社內文書

試著書寫聯絡用的社內文書吧！**收件人、發信日期、寄件人和標題是社內文書的必要資訊**。另外，使用於人事、總務部門的官方文件，有時會需要加上文件號碼。還有，標示發信日期時要使用西元年還是民國年，必須以公司的規定為準。

接下來，一起來看這篇社內文書的書寫案例：「新銷售管理系統說明會」。這是公司的業務企劃室在召開會議之前，用來通知所有業務部員工的社內文書。前言的書寫重點，在於引發讀者的閱讀興趣。所以在寫的時候，務必讓讀者認為這是一篇跟自己有關的文章。

重要資訊請務必用條列式列出。採用「說明」的方式，寫下條列式的內容就可以了。另外，在重要項目的文字下方加入下底線，也是一個不錯的方法。有時候讀者可能會需要聯絡書寫者，因此，最好在文章當中明確告知聯絡人的資訊。

試著書寫社內文章

各位業務部門的同仁 2019年7月5日

業務企劃室　西村

「新銷售管理系統說明會」會議通知

　　去年開始開發的新銷售管理系統，將於十月下旬進行測試。非常感謝各位同仁的參與，包含需求調查、需求定義等，都非常感謝各位的積極協助。

　　在正式進入測試之前，將事先召開新銷售管理系統的說明會。業務部門務必全員出席，請各位屆時蒞臨會議。

說明

1. 內　　容：新銷售管理系統的操作方法
2. 日　　期：9月10日（二）
3. 地　　點：總公司20樓大會議室
4. 出席人員：業務部門全體員工（含部長職）
5. 附錄資料：以下提供會議相關資料
　（1）新銷售管理系統的概要說明書
　（2）新銷售管理系統的入門手冊
　（3）操作手冊
6. 不出席者：無法於上述時間參加會議的同仁，請聯絡事務局。
　　　　　　※請不要無故缺席。

以上

事務局：業務企劃室　西村（分機：2233）

●書寫聯絡用的社外文書

接下來，一起寫寫看社外文書吧！**社外文書與社內文書的不同之處，在於前言的文字量**。書寫的時候，務必確實提供「背景」、「主題和問題」以及「答案」等資訊。另外，**如果文中沒有說明「寄件人是誰」，這封信看起來就會非常可疑。**

特別是寄給公司外部的非特定多數對象時，必須詳細說明原因和事情的經緯，讓對方知道寄出這封信的緣由。如何查到對方的聯絡資訊？為什麼寄出這封信？必須有正當理由，並且跟對方解釋清楚。由於個人資料保護法施行的關係，人們的隱私意識抬頭，所以一般收件者對於這類型廣發給非特定多數人的郵件，通常會提高警覺。

右頁範例文的書寫者是YuuYuuClub的事務局長，讀者則是已經入會的會員。因此書寫的時候，必須透過前言向讀者傳達這個企劃的魅力。

在**前言當中已經提過的重要資訊，為了以防萬一，有必要再次條列出來**。例如，雖然前言已經提到此次活動可以免費參加，但是因為跳著讀的人非常多，所以在「說明」的部分，請再一次用重點條列的方式，告知讀者這是一個可以免費參加的活動。另外，之所以沒有用下底線強調「免費」，是因為擔心如果一開始太過於強調免費，可能反而會讓閱讀的人起疑心。

試著書寫社外文書

各位YuuYuuClub會員 　　　　　　　　　　　　　2020年2月10日

　　　　　　　　　　　　　　YuuYuuLife株式會社
　　　　　　　　　　　　　YuuYuuClub事務局長 渡部健太

黃金週沖繩巡航之旅的參加指南

敬啟者　祝您日漸康泰。

　　平日以來蒙受您的照顧，在此致上衷心的感謝。承蒙各位加入，「YuuYuuClub」上下將竭盡所能，讓各位會員能夠放鬆身心，享受悠閒的時間。

　　今年，「YuuYuuClub」計畫於2020年黃金週期間舉辦沖繩巡航之旅，作為獻給會員的最新企劃。

　　一般來說，黃金週期間出遊，經常有預約困難、價格高昂等種種問題。針對這些問題，「YuuYuuClub」透過全程包場的方式來克服。我們可以自豪地說，活動當中產生的費用，都能為各位提供最經濟實惠的合理價格。

　　另外，於信中同時附上活動的導覽手冊，供會員瀏覽參考。詳細的活動說明會安排如下，會後準備了簡單的小點心，供參加者自助享用。

　　說明會以及自助點心派對均為免費活動，敬請各位積極參加。

說明

標　　題：黃金週沖繩巡航之旅說明會
日　　期：<u>2020年3月14日（六）</u>
　　　　　（1）<u>16：00～17：30 說明會</u>
　　　　　（2）17：30～19：00 自助點心派對
限制人數：300人
參加費用：免費（說明會、自助點心派對）
會　　場：新宿大廈酒店三樓 鳳凰廳

　　另外，時間表、地圖以及報名辦法，請參考附件說明。衷心靜候各位嘉賓蒞臨參與。

65

書寫報告書

只要事先製作格式，就能降低疏漏風險

●完成一份出差報告

接下來，試著書寫公司內部的出差報告吧！如果公司已經有出差專用的制式表格，就以公司的制式表格來書寫。如果沒有，各位可能會不知所措，不知道該寫什麼。此時，只要寫下必要的項目，製作屬於自己的制式表格即可。完成後，將表格儲存起來，未來只要運用這份表格，就能簡單地完成一篇文章。另一方面，也可以降低漏掉重要項目的風險。

右頁是一份出差報告的書寫範例。上半部是報告書的基本項目，最下方的欄位則用於附錄資料。本文當中有五個項目，「1. 目的與背景」、「2. 執行內容」、「3. 報告內容（成果）」、「4. 特殊事項」和「5. 今後對策」，因為這五個項目泛用性相當高，請事先將這些項目寫入表格當中。

在「1. 目的與背景」部分，請明確闡述出差的背景原因，例如出差的必要性是什麼，以及出差的目的為何。「2. 執行內容」部分，請寫下出差的事實經過，具體描述在出差時做了什麼。也可以

完成一份出差報告

出 差 報 告 書	（製作日期） 2020年4月5日
（出差地點） 吉本壓床加工工業株式會社　豐橋工廠	（地址）　豐橋市
（會面對象）品質保證部 　　　　　部長：吉田昌應　檢查課長：久道秀樹	（時間）4月2日 14：00～18：00
（同行者）　品質管理部：田中格二（課長） 　　　　　設計部：村田秀夫（課長）、田村昌夫	（提出人） 品質管理部：西村孝夫
（目的） 　　討論如何在技術上改善A產品的機構零件耐久性	

1. **目的與背景**
　　我們分析了A產品的客戶投訴內容，發現吉本壓床加工工業製造的機構零件，無法承受長時間的使用，為了改善零件品質，在技術上……（以下省略）

2. **執行內容**
　（1）說明客戶投訴狀況
　　……（省略）
　（2）吉本工業的人員說明製造過程
　　……（省略）
　（3）工程調查、詢問作業員實際狀況
　　……（省略）
　（4）探究原因並確立根本對策
　　……（省略）

3. **報告內容（成果）**
　（1）主因
　　……（省略）
　（2）對策
　　……（省略）

4. **特殊事項**
　……（省略）

5. **今後對策**
　……（省略）

（附錄資料）技術評估報告書　　零件製造紀錄
　　　　　　A產品的客訴分析表　公司介紹（吉本壓床加工工業株式會社）

用時序來記錄，例如幾點到幾點、在哪裡做了什麼事情等。在「3.報告內容（成果）」當中，請寫下出差實際取得了什麼成果，這趟出差為公司帶來了什麼幫助？「4.特殊事項」是可以自由書寫的欄位。出差時，如果有任何想要記錄的資訊，例如值得留意的點，或是令你在意的部分，請自由書寫在此一欄位當中。最後，在「5.今後對策」當中逐項列出目前的具體課題，說明未來該怎麼做才能取得進一步的成果。

●完成一份業務報告

接下來，試著完成一份業務報告吧！在報告書最上面的欄位，請填寫主旨、目的和提出者等基本資訊，再於最下方設置附錄資料的欄位，整份報告表格就完成了。本文當中的五大項目「1.目的與背景」、「2.執行內容」、「3.報告內容（成果）」、「4.特殊事項」以及「5.今後對策（執行對策的時間表）」，可說是泛用性相當高的基本項目。

請盡量用條列式的方式撰寫文章，詳細報告則透過附加參考資料的方式來呈現。另外，事先完成目次再開始撰寫文章，是書寫文章的基本技巧。把標題分為二～三個層次，就能減少每個標題底下的敘述文字，讓文章變得更好讀。

完成一份業務報告

業　務　報　告　書	部長	課長	負責人
（主旨）B商品的市場調查報告與提議今後的對策			

（提出者）業務部長、行銷部長、各位行銷部長	（製作日期）　2020年4月8日 （提出人）業務部　香川飛馬

（目的）為了確認 B商品銷售狀況不佳的原因，進行調查並提出適當對策

1. 目的與背景
　　　B商品的銷售數量在這三個月內減少了20%，銷量漸少的……
　（以下省略）

2. 執行內容
　（1）市場調查概況
　　　……（省略）
　（2）原因的確立以及研擬對策的會議概況
　　　……（省略）

3. 報告內容（成果）
　（1）市場調查結果概況
　　　……（省略）
　（2）銷量不佳的主要原因
　　　……（省略）
　（3）提議有效對策
　　　……（省略）
　（4）執行對策所需的花費與投資報酬率
　　　……（省略）

4. 特殊事項
　（1）投資新商品的必要性
　　　……（省略）
　（2）與競爭對手販賣之 C商品的比較
　　　……（省略）

5. 今後對策（執行對策的時間表）
　　　……（省略）

（附錄資料）B商品的市場調查報告書　　　針對 B 商品的改良提議
　　　　　　B商品的行銷提案書

66

書寫企劃書①
社內篇

社內提出報告書因需要經過層層審查，一般使用純文字文書

●企劃書（用於社內提出申請時）的使用場合與基本項目

企劃書要以純文字的形式提出，還是用Power Point來製作，相當令人猶豫不決對吧？一般來說，如果必須在會議之類的場合發表企劃內容，就用Power Point的簡報形式來製作；如果必須在正式的審查會議上發表，請用純文字的形式來製作企劃書。另外，公司內部的審查會議，一般來說比較偏向使用純文字形式，若是到公司外部去做簡報，則較傾向使用Power Point。

如何以純文字的形式製作一份用於公司內部報告的企劃書呢？讓我們一起往下看。書寫企劃書的簡易目次時，選用以下這個雛型相當方便：「1. 背景」、「2. 目的」、「3. 現狀的問題點」、「4. 提案內容 （1）概述 （2）詳細提案內容」、「5. 預算與投資報酬率」、「6. 時間表」、「7. 推動企劃的部門與體制」、「8. 發展計畫需留意的重點」、「9. 參考資料（附錄資料）」。

另外，第二章「說話方式」當中曾經介紹過企劃書目次的雛型，各位也可以依照該雛型來撰寫目次（參照一五七頁）。公司內

企劃書的形式選擇：純文字還是Power Point？

於公司內部提出

○○企劃書

1. 背景

2. 目的

3. 提案內容

4. 推動計畫

5. 推動企劃的體制

純文字

於公司外部報告

○○株式會社　公啟

○○企劃書

××株式會社

Power Point

純文字形式企劃書的簡易目次範例

標題（主題名稱）

1. 背景
2. 目的
3. 現狀的問題點
4. 提案內容
　（1）概述
　（2）詳細提案內容
5. 預算與投資報酬率
6. 時間表
7. 推動企劃的部門與體制
8. 發展計畫需留意的重點
9. 參考資料（附錄資料）

部的企劃書追求簡單俐落，為了盡量減少報告書的頁數，大多以純文字的形式提出。

多次使用企劃書的雛型並累積經驗之後，就可以發揮自己的創意來調整。在完全理解企劃書雛型之後，將之逐漸調整為更適合自己的範本，是你正在進步的證明。如果最終能夠完成屬於自己的企劃書範本，那麼就連寫企劃書，對你來說都充滿了樂趣！

●完成一份純文字企劃書

接下來，一起完成一份公司內部專用的純文字企劃書吧！企劃書的主題是：「新商品的行銷策略企劃書」。

首先，提出目前既有的問題：「新商品接連銷售不佳，連此次投入生產的A商品也受到波及」。作為此次企劃的背景，然後訴諸危機感，也就是「不能放任這樣的狀況繼續下去」。此時，大膽提案「重新建構行銷策略的必要性」。

緊接著提出目的，也就是要將行銷策略從「逼顧客買」改為「讓顧客開開心心地買」。如果有必要，用附註條列式重點的方式，來補充說明企劃書的目的。在現狀的問題點這一欄當中，先說明新商品銷售成果不見起色此一現狀，然後再舉出「基於事實的調查數據」以及「從數據當中了解到的問題點」等。

接著在**提案內容部分，說明該如何實現這份企劃書，並提出整體企劃**。這也是整份企劃書當中最重要的部分。

在預算與投資報酬率部分，請明確說明執行這個企劃的必要

花費，以及執行後的投資報酬率。然後排定時間表，並詳細說明
「推動企劃的部門及體制」以及「發展計畫需留意的重點」。最
後，如果有任何參考資料，再附加於最後的附加資料欄位當中。

完成一份於社內提出的純文字企劃書

業務企劃室長   2020年4月16日

第3業務部　吉村五郎

新商品的行銷策略企劃書

1. 背景
　　新商品接連銷售不佳，連此次投入生產的A商品也受到波及。如果
放任這個狀況繼續下去，公司的營收將會持續探底，難以回復到原來
水準。因此，我想大膽提案「重新建構促銷策略的必要性」。

2. 目的
　　將行銷策略從「逼顧客買」改為「讓顧客開開心心地買」。
　　①與商品企劃部和行銷部合作，重新審視開發商品的體制
　　②加強包含經銷商在內的促銷體系
　　③開發銷售新通路

3. 現狀的問題點
　　雖然公司已經加強了銷售力道，但是新商品的銷售還是不見起色。
以下列出主要的問題點。
　　①欠缺行銷策略。沒有針對目標客群開發商品
　　②商品企劃部和行銷部之間沒有合作關係
　　③十年來一直依賴原有的銷售通路，沒有開發新通路
　　④因為經銷商的弱化，導致……（以下省略）

4. 提案內容
　　（1）企劃概述
　　　　……（省略）
　　（2）企劃的詳細內容
　　　　……（省略）

5. 預算與投資報酬率
　　　　……（省略）
6. 時間表
　　　　……（省略）
7. 推動企劃的部門與體制
　　　　……（省略）
8. 發展計畫需留意的重點
　　　　……（省略）
9. 參考資料（附錄資料）
　　　　……（省略）

67

書寫企劃書②
社外（簡報）篇

事先了解簡報用企劃書的雛型

●簡報用企劃書的目次雛型

只要將企劃書的雛型融會貫通，就能縮短書寫企劃書的時間。在蒐集情報方面，可以集中蒐集必要的情報，並寫在企劃書當中。另外，只要事先決定企劃書的總頁數，就能同時安排每個標題所需頁數，預見企劃書大致的藍圖。

企劃書可大略區分八個區塊。分別是「1.開場白」、「2.提出問題」、「3.設定主題」、「4.分析現狀」、「5.提出企劃案」、「6.評價企劃案」、「7.實行計畫」以及「8.附加情報」。每個區塊都會搭配幾個具體標題，例如，「設定主題」這個區塊，就是由目的、希望達成的目標、實施對象的範圍、前提條件以及制約條件等標題所組成。

簡報型企劃書的目次雛型，請參閱右頁。在企劃書當中，運用MECE原則所構成的5W2H是不可或缺的重要資訊。所謂的5W，指的是What、Why、Where、Who、When。2H則是指How to和How much。

企劃書的目次雛型（5W2H）

區塊	目次項目範例	備考
1. 開場白	● 封面 ● 前言 ● 目次	企劃書的門面 寫下能夠引發興趣的內容 便於掌握整體樣貌
2. 提出問題	● 背景 ● 認識現狀	我們為什麼需要這份企劃？（Why） 了解現況糟糕到什麼程度（Why）
3. 設定主題	● 目的 ● 希望達成的目標 ● 實施對象的範圍 ● 前提條件 ● 制約條件	揭露目標（What） 進一步具體描述目標（What） 確認實施對象的範圍（Where） 確認必要的前提條件 確實掌握受到制約的部分
4. 分析現狀	● 現狀調查數據資料 ● 現狀的問題點	附加調查情報 明確指出現狀的問題點
5. 提出企劃案	● 企劃的基本方針 ● 企劃的整體樣貌 ● 企劃的詳細內容	明確提出解決方案的基本方針 提出解決方案的整體樣貌（What） 提出解決方案的詳細內容（What）
6. 評價企劃案	● 預估效果 ● 預算（費用） ● 投資報酬率	能夠獲得百分之百的效果嗎 需要花費多少預算（How much） 投資報酬率高嗎
7. 實行計畫	● 工作計畫 ● 時間表 ● 推動企劃的體制 ● 分配職責 ● 風險管理 ● 發展計畫需留意的重點	確立工作內容（How to） 確立時間表（When） 確立體制流程（Who） 確立職責如何分配（Who） 篩檢並降低可能的風險 明確記錄需留意的重點
8. 附加情報	● 參考資料	根據需求附加參考資料

5W＝What、Why、Where、Who、When
2H＝How to、How much

●用Power Point製作一份企劃書

接下來，試著用Power Point製作一份企劃書吧！在目次雛型當中，蒐羅了所有可能需要的項目。如果發現任何不需要的標題，可以直接刪除。另外，也可以把幾個不同的項目整理成一個大標題。只要能在一開始將企劃書的雛型融會貫通，就能為企劃書建構堅若磐石的架構。

右頁是一份以企劃書的順序為中心完成的Power Point企劃書。第一～二頁是開場白區塊，第一頁是企劃書的封面，第二頁是目次。第三～五頁分別是提出問題、設定主題和分析現狀等三個區塊。第六～第八頁用來提出企劃案，第九頁是評價企劃案的區塊，第十～十二頁則用於說明實行計畫。

過去，許多人因為不知道如何撰寫企劃書而感到困擾，問他們為什麼煩惱，他們回說雖然知道要寫什麼，但是不知道怎麼建構企劃書的目次架構。有些人會盡量試著完成一份企劃書，閱讀這些企劃書時，我發現他們並沒有在企劃書中說明目的。當我問到「這個企劃書的目的是什麼？」，明明都能侃侃而談，但就是沒有將目的放入企劃書的目次當中。

一旦我把目次的雛型提供給他們之後，對方通常會變得充滿活力，並且開心地告訴我：「我湧起了完成企劃書的勇氣！」希望各位也能藉由書中提供的雛型，完成專屬於自己的企劃書。

284

用Power Point製作一份企劃書

A株式會社　公啟

> 新事業開發
> 企劃書
>
> 2020年4月27日
> ○○株式會社

7. 新事業提案（整體樣貌）

知道如何活用互聯網的
廣告代理商
會員行銷

○○企劃書　目次

1. 了解背景與現狀
2. 目的與希望達成的目標
3. 實施對象範圍
4. 確認前提條件與制約條件
5. 市場調查與商機
6. 企劃的基本方針（概念）
7. 新事業提案（整體樣貌）
8. 新事業的詳情
9. 投資金額與財務收支計畫
10. 工作計畫、時間表
11. 推動企劃的體制與分配職責
12. 發展計畫需留意的重點

8. 新事業的詳情

廣告相關業務
網路電商
品牌的進口代理商合約

1. 了解背景與現狀

為了讓既存事業能夠永續發展，必須持續關注新事業……

綜效管理

9. 投資金額與財務收支計畫

2. 目的與希望達成的目標

3. 實施對象範圍

4. 確認前提條件與制約條件

10. 工作計畫、時間表

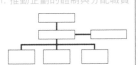

5. 市場調查與商機

11. 推動企劃的體制與分配職責

6. 企劃的基本方針（概念）

● 未來成長潛力高的領域
● 可以強化本業的各種可能

12. 發展計畫需留意的重點

（1）關於風險管理……
（2）關於投資報酬率……
（3）評價是否可能執行……

國家圖書館出版品預行編目(CIP)資料

圖解 邏輯思考全書：職場必備一生受用！深度思考、清楚表達，解決問題
的思維與應用/西村克己著；吳亭儀譯. -- 初版. -- 臺北市：商周出版：英數蓋
曼群島商家庭傳媒股份有限公司城邦分公司發行, 民110.05
288面；14.8×21公分. -- (ideaman；127)
譯自：深く考え、わかりやすく伝える力が身につく 論理思考大全
ISBN 978-986-5482-62-6(平裝)

1.職場成功法 2.思考

494.35   110004091

ideaman 127

圖解 邏輯思考全書
職場必備一生受用！深度思考、清楚表達，解決問題的思維與應用

原 著 書 名／深く考え、わかりやすく伝える力が身につく 論理思考大全		譯　　　者／吳亭儀
原 出 版 社／株式会社ピーエイチピー研究所		企 劃 選 書／劉枚瑛
作　　　者／西村克己		責 任 編 輯／劉枚瑛
圖 版 作 成／櫻井勝志		

版　　權　　部／吳亭儀、江欣瑜、游晨瑋
行 銷 業 務／周佑潔、賴玉嵐、林詩富、吳藝佳
總　　編　　輯／何宜珍
總　　經　　理／彭之琬
事 業 群 總 經 理／黃淑貞
發　　行　　人／何飛鵬
法 律 顧 問／元禾法律事務所　王子文律師
出　　　　　版／商周出版
　　　　　　　　115台北市南港區昆陽街16號4樓
　　　　　　　　電話：(02) 2500-7008　傳真：(02) 2500-7759
　　　　　　　　E-mail：bwp.service@cite.com.tw
　　　　　　　　Blog：http://bwp25007008.pixnet.net/blog
發　　　　　行／英屬蓋曼群島商家庭傳媒股份有限公司城邦分公司
　　　　　　　　115台北市南港區昆陽街16號8樓
　　　　　　　　書虫客服專線：(02)2500-7718、(02) 2500-7719
　　　　　　　　服務時間：週一至週五上午09:30-12:00；下午13:30-17:00
　　　　　　　　24小時傳真專線：(02) 2500-1990；(02) 2500-1991
　　　　　　　　劃撥帳號：19863813　戶名：書虫股份有限公司
　　　　　　　　讀者服務信箱：service@readingclub.com.tw
　　　　　　　　城邦讀書花園：www.cite.com.tw
香 港 發 行 所／城邦(香港)出版集團有限公司
　　　　　　　　香港九龍土瓜灣土瓜灣道86號順聯工業大廈6樓A室
　　　　　　　　電話：(852) 2508-6231　傳真：(852) 2578-9337
　　　　　　　　E-mailL：hkcite@biznetvigator.com
馬 新 發 行 所／城邦(馬新)出版集團 Cité (M) Sdn Bhd
　　　　　　　　41, Jalan Radin Anum, Bandar Baru Sri Petaling,
　　　　　　　　57000 Kuala Lumpur, Malaysia.
　　　　　　　　電話：(603)9056-3833　傳真：(603)9057-6622
　　　　　　　　E-mail：services@cite.my

美 術 設 計／簡至成
印　　　　刷／卡樂彩色製版印刷有限公司
經 銷 商／聯合發行股份有限公司
　　　　　　　　電話：(02)2917-8022　傳真：(02)2911-0053

■2021年5月27日初版
■2024年8月29日初版5刷

定價／450元

Printed in Taiwan

城邦讀書花園
www.cite.com.tw

RONRI SHIKO TAIZEN
Copyright © 2019 by Katsumi NISHIMURA
All rights reserved.
First published in Japan in 2019 by PHP Institute, Inc.
Traditional Chinese translation rights arranged with PHP Institute, Inc.
through Bardon-Chinese Media Agency

115 台北市南港區昆陽街 16 號 8 樓

英屬蓋曼群島商家庭傳媒股份有限公司

城邦分公司

請沿虛線對摺，謝謝！

書號：BI7127　　書名：圖解 邏輯思考全書	編碼：

 商周出版

讀者回函卡

謝謝您購買我們出版的書籍！請費心填寫此回函卡，我們將不定期寄上城邦集團最新的出版訊息。

姓名：_____ 性別：□男 □女

生日：西元 _____ 年 _____ 月 _____ 日

地址：_____

聯絡電話：_____ 傳真：_____

E-mail：_____

學歷：□ 1. 小學 □ 2. 國中 □ 3. 高中 □ 4. 大專 □ 5. 研究所以上

職業：□ 1. 學生 □ 2. 軍公教 □ 3. 服務 □ 4. 金融 □ 5. 製造 □ 6. 資訊

　　　□ 7. 傳播 □ 8. 自由業 □ 9. 農漁牧 □ 10. 家管 □ 11. 退休

　　　□ 12. 其他 _____

您從何種方式得知本書消息？

　　　□ 1. 書店 □ 2. 網路 □ 3. 報紙 □ 4. 雜誌 □ 5. 廣播 □ 6. 電視

　　　□ 7. 親友推薦 □ 8. 其他 _____

您通常以何種方式購書？

　　　□ 1. 書店 □ 2. 網路 □ 3. 傳真訂購 □ 4. 郵局劃撥 □ 5. 其他 ___

對我們的建議：_____

_____

_____

_____

_____

_____